国家新闻出版改革发展项目库入库项目
高等职业院校计算机类规划教材

Java 面向对象程序设计

王 玲 编著

北京邮电大学出版社
www.buptpress.com

内 容 简 介

本书涵盖了 Java SE 的主要内容，划分为三部分：第 1 篇介绍 Java 的基础知识，包括开发环境、数据类型、流程控制、数组、函数、异常等内容；第 2 篇通过实现一个即时通信程序，学习 Java SE 类库的使用方法，包括图形界面设计、输入输出、网络编程、多线程、容器、数据库编程等；第 3 篇通过实现一个简单的软件架构设计，学习面向对象技术，包括类与对象、封装、继承、多态、抽象类、接口等，为后续的 Java 企业级应用开发做准备。

本书的目标：第一，训练编程入门者的编程逻辑；第二，让学习者理解并掌握 Java 程序设计语言的语法和类库；第三，让学习者理解面向对象技术，对软件架构有初步的认识。本书的第 2 篇和第 3 篇分别使用了一个具有一定规模的实际项目，介绍了项目从需求分析到设计、代码实现的全过程，引领学习者以项目需求为引导，在做中学，使学习者不但能学习 Java 编程，而且能了解软件项目开发的基本过程以及互联网时代下自行探索和应用新技术的方法。

本书可作为计算机相关专业的教学用书，也可作为普通高校程序设计公共课程的教材，同时也可作为职业教育的培训用书和 Java 学习者的自学用书。

图书在版编目(CIP)数据

Java 面向对象程序设计 / 王玲编著. -- 北京：北京邮电大学出版社，2020.7
ISBN 978-7-5635-6117-9

Ⅰ.①J… Ⅱ.①王… Ⅲ.①JAVA 语言—程序设计 Ⅳ.①TP312.8

中国版本图书馆 CIP 数据核字（2020）第 117732 号

策划编辑：马晓仟　　责任编辑：徐振华　王小莹　　封面设计：七星博纳

出版发行	北京邮电大学出版社
社　　址	北京市海淀区西土城路 10 号
邮政编码	100876
发 行 部	电话：010-62282185　传真：010-62283578
E-mail	publish@bupt.edu.cn
经　　销	各地新华书店
印　　刷	保定市中画美凯印刷有限公司
开　　本	787 mm×1 092 mm　1/16
印　　张	19.25
字　　数	499 千字
版　　次	2020 年 7 月第 1 版
印　　次	2020 年 7 月第 1 次印刷

ISBN 978-7-5635-6117-9　　　　　　　　　　　　　　定价：49.00 元

· 如有印装质量问题，请与北京邮电大学出版社发行部联系 ·

前　　言

在互联网时代,大部分知识的获取成本是很低的。学习一门技术时,重点首先应该落在体会这门技术的基本思维方式和工作方式上,对于学习编程技术,当然也是这样。本书不罗列知识点和编程接口,总体目的是帮助学习者训练编程逻辑,体会编程的工作方法和思路,对软件和软件的实现有一定的认识。

一、编排方式

本书第 1 篇通过浅显的语言,使学习者对程序有初步的认识,理解并掌握 Java 编程语言的基本语法,同时,第 1 篇进行了编程逻辑的训练,通过实现一些可视化的动画程序,消除学习者对编程的陌生感,使学习者饶有兴趣地走入编程的大门。

本书第 2 篇以实现一个即时通信软件项目为主线,使学习者在开发一个实际项目的过程中,以需求引领学习。这个项目的实现过程包含了对 Java SE 中所有主要标准类库模块的应用。IT 技术日新月异,以需求引领学习,这本身就是 IT 工作的实际场景,学习者在项目的实现过程中,能学习到为了完成需求而探索新知识的过程和方法。而普遍的常规学习方法都是先学习知识点,再做练习,这种常规模式很容易造成学习者在知识点学习阶段的茫然和倦怠,也容易造成学习者在实际项目开发过程中对未知技术的胆怯和不知所措。

本书第 3 篇通过一个简单的软件架构设计项目,让学习者理解 Java 面向对象编程技术的意义和用法。而常规的 Java 面向对象技术的学习一般使用简短的模拟程序来解释每个知识点,这样根本无法让学习者了解面向对象技术真正的使用场景,从而使得这个部分往往成为让学习者最有挫败感的部分。同时,通过这个项目,学习者可以对软件架构有个初步的认识,为顺利进入 Java 的企业级应用开发做准备。

本书的编排思路是,在运用技术的同时,理解技术。技术点的顺序是依照项目实现所需来排列的,学习者以程序员的编程过程为学习过程,有些知识点是先使用,然后才被正式描述的。学习者通过这个学习过程,会习惯在未知中通过探索去完成项目需求,从而对技术点有更深刻的理解,并能在每一步编程结果的鼓励下,保持学习兴趣和探索精神。本书不追求将所有知识点都介绍到,因为掌握了核心思路和方法,对于本书中没有涵盖到的内容,学习者已经有能力在需要的时候自行扩展。

二、学习支撑

针对所有的项目,本书首先给出需求,然后给出分析思路,最后对重点使用到的技术进行阐述,在这之后,学习者就可以自行去完成需求。为了给予学习者足够的支撑,本书提供了项目所有的可执行代码并附带了注释,对于大型项目,会按照版本的迭代,给出每个版本的演进分析,并指出代码的具体更新内容。学习者只需跟随项目进行练习,即可掌握 Java SE 程序设计的主要内容,并对编程的思维方法和工作方法有一定的了解。

本书配有教学视频,提供项目从设计思考到编码调试的动态过程。学习者可以通过扫描书中的二维码获取教学视频。本书提供课程标准、电子课件等资源,有需要的人可以在北京邮电大学出版社网站上进行下载。

三、教学大纲

本书参考学时为64学时,其中实践环节为32学时,各部分的参考学时参见下面的学时分配表。

篇	章	主要知识点	学时分配	
			讲授	实训
第1篇 Java基础编程	第1章 Java初接触	程序的概念、Java开发环境的搭建	2	2
	第2章 数据类型和运算符	变量、数据类型	2	2
	第3章 流程控制	顺序结构、分支结构、循环结构	2	4
	第4章 数组与字符串	数组、字符串	2	2
	第5章 函数(方法)	函数的概念、使用	2	0
	第6章 阶段编程练习	通过简单的图形界面趣味程序对前述知识点进行练习	0	4
	第7章 异常	异常的概念、处理机制	2	0
第2篇 实现一个即时通信程序	第8章 版本一 实现登录和聊天界面	Java图形界面设计	2	2
	第9章 版本二 实现按钮事件响应	Java事件处理	2	2
	第10章 版本三 将聊天内容存入本地的聊天记录文件	Java文件的处理与输入输出	2	2
	第11章 版本四 连接服务器登录	Java网络编程	2	2
	第12章 版本五 实现多客户端并发登录	多线程	2	2
	第13章 版本六 实现客户端之间的聊天	容器	2	2
	第14章 版本七 连接数据库	Java数据库编程	2	2
第3篇 实现一个简单的软件架构设计	第15章 实体类的定义	类与对象、封装	2	2
	第16章 数据层的定义	静态、继承、接口	2	2
	第17章 业务层的定义	设计模式	2	0

四、推荐学习方法

(1)首先了解编程的需求和目标,带着目的学习本书中针对当前需求提出的重要知识点,然后自行编程实现,最后再参考书中的参考程序。在参考书中参考程序的过程中,除了通过提示解决自己的困难点外,请尽量对比书中的参考程序和自己编写的程序之间的异同,考虑自己编写的程序是否有可以优化的地方。当程序编译运行成功时,一定要自行再重复整个编程过程,直到理解和熟练为止。

（2）充分利用集成开发环境软件 Eclipse 的支撑功能，通过 IDE 的在线帮助功能来学习和熟悉应用编程接口（API）。

（3）本书上的参考程序是静态的，是程序完成之后的呈现。请一定不要按照书上的程序从上到下、从左到右地输入计算机，这不是编程的实际过程。更要避免只是阅读程序，不自行思考、不实际动手写程序的情况。

（4）面对自己不能解决的各种问题，不要首先考虑从他人那里直接得到答案，要习惯自行查找解决方案，然后通过测试进行验证，应培养自学能力和独立解决问题的能力，充分利用互联网来学习和探索知识。

（5）在可以理解并熟练实现基本需求的基础上，尝试以更加合理、更加符合实际情况的方式去完善和拓展项目需求，并予以实现。

注意：

（1）书中很多的例程为了节省篇幅，略去了 import 部分，所有的 import 都可以利用 Eclipse 的在线帮助来添加。

（2）书中对很多术语概念没有进行专门的解释和描述，请在上下文中体会术语的含义，在应用中理解术语的作用和意义。如果需要，可上网查询更加详细的概念解释。

（3）书中代码均为已测试通过的代码，对于代码中比较重要的部分以及对应语法点的核心语句，一般都标注了阴影，请特别留意。在项目中，随着实现功能的不断添加，程序的版本不断更迭，对于后一版本比前一版本添加或修改的部分，一般也都标注了阴影。

作者从事程序设计的实际教学工作多年，深感学生在学习中的困惑，了解大部分学生的能力与实际工作岗位需求的差距，了解常规教学模式的主要缺陷，希望这本书能带给大家真正的帮助。

在此感谢广州软件园校企合作基地对本书的编写给予的帮助，以及就书中内容的取舍、项目的选择和编排方式提出的宝贵意见和建议。

由于作者水平有限，书中错误疏漏之处在所难免，诚请广大读者批评指正。作者 E-mail：744647352@qq.com。

"北邮智信"App 使用说明

目 录

第 1 篇 Java 基础编程

第 1 章 Java 初接触 ... 3

1.1 程序的定义 ... 3
1.2 学习 Java 的意义 ... 5
1.3 开发 Java 程序的步骤 ... 6
1.4 Java 的开发环境 ... 6
1.5 Java 的基本语法规定 ... 15
练习 ... 17

第 2 章 数据类型和运算符 ... 19

2.1 变量 ... 20
2.2 数据类型 ... 21
2.3 常用运算符 ... 23
2.4 数据类型转换 ... 29
2.5 从键盘读入数据 ... 30
练习 ... 31

第 3 章 流程控制 ... 32

3.1 顺序结构 ... 32
3.2 分支结构 ... 33
3.3 循环结构 ... 43
练习 ... 51

第 4 章 数组与字符串 ... 53

4.1 数组 ... 53
4.2 字符串 ... 62
练习 ... 67

第 5 章 函数(方法) … 69
- 5.1 函数的概念和使用 … 69
- 5.2 函数的语法总结 … 74
- 练习 … 75

第 6 章 阶段编程练习 … 77
- 6.1 Stars(彩色星空) … 77
- 6.2 FallingBall(下落的小球) … 80
- 6.3 SpringingBall(弹动的小球) … 84
- 6.4 Snows(漫天下雪) … 86
- 6.5 ControledBall(受控移动的小球) … 88
- 6.6 HitChars(打字游戏) … 92

第 7 章 异常 … 95
- 7.1 异常的概念 … 95
- 7.2 异常处理机制 … 95
- 7.3 方法声明抛出异常 … 99
- 7.4 常见的异常 … 100
- 7.5 抛出异常的方法 … 101
- 7.6 自定义异常 … 102
- 练习 … 103

第 2 篇 实现一个即时通信程序

第 8 章 版本一 实现登录和聊天界面 … 108
- 8.1 功能需求 1(登录界面) … 108
- 8.2 相关知识点:Java 图形界面设计 … 108
- 8.3 实现参考 1(登录界面) … 114
- 8.4 功能需求 2(聊天界面) … 116
- 8.5 实现参考 2(聊天界面) … 116
- 8.6 知识点拓展:Java 组件类 … 117
- 练习 … 118

第 9 章 版本二 实现按钮事件响应 … 120
- 9.1 功能需求 1(登录事件) … 120

9.2	相关知识点:Java 事件处理	120
9.3	实现参考 1(登录事件)	122
9.4	功能需求 2(聊天事件)	125
9.5	实现参考 2(聊天事件)	125
9.6	知识点拓展:各种事件接口	126
练习		127

第 10 章 版本三 将聊天内容存入本地的聊天记录文件 …… 128

10.1	功能需求(聊天历史存盘)	128
10.2	相关知识点:Java 文件的处理与输入输出	128
10.3	实现参考(聊天历史存盘)	129
10.4	知识点拓展:I/O 类库	133
练习		143

第 11 章 版本四 连接服务器登录 …… 144

11.1	功能需求 1(联网登录)	144
11.2	相关知识点:Java 网络编程、TCP 实现	144
11.3	实现参考 1(联网登录)	147
11.4	功能需求 2(发送聊天信息到服务器)	152
11.5	实现参考 2(发送聊天信息到服务器)	152
11.6	知识点拓展:UDP 通信方式的实现	159
练习		162

第 12 章 版本五 实现多客户端并发登录 …… 163

12.1	功能需求 1(服务器端并发连接多个客户端)	163
12.2	相关知识点:多线程	163
12.3	实现参考 1(服务器端并发连接多个客户端)	166
12.4	功能需求 2(在客户端并行发送和接收)	168
12.5	实现参考 2(在客户端并行发送和接收)	168
12.6	知识点拓展:线程同步、线程通信	172
练习		183

第 13 章 版本六 实现客户端之间的聊天 …… 184

13.1	功能需求(在线用户列表的维护)	184
13.2	相关知识点:容器	184
13.3	实现参考(在线用户列表的维护)	186
13.4	知识点拓展:主要的容器接口和类	196
练习		200

第 14 章 版本七 连接数据库 ······ 202

14.1 功能需求(连接数据库进行账户注册和登录) ······ 202
14.2 相关知识点:Java 数据库编程 ······ 202
14.3 实现参考(连接数据库进行账户注册和登录) ······ 205
14.4 知识点拓展:数据库的基本操作 ······ 211
练习 ······ 215

第 3 篇 实现一个简单的软件架构设计

第 15 章 实体类的定义 ······ 222

15.1 设计目的 ······ 222
15.2 相关知识点:类与对象、封装 ······ 222
15.3 代码实现参考 ······ 232
15.4 知识点拓展 ······ 234
练习 ······ 237

第 16 章 数据层的定义 ······ 238

16.1 设计目的 ······ 238
16.2 相关知识点:静态、继承、接口 ······ 239
16.3 代码实现参考 ······ 257
16.4 知识点拓展:抽象类、多态 ······ 270
练习 ······ 277

第 17 章 业务层的定义 ······ 280

17.1 设计目的 ······ 280
17.2 相关知识点:设计模式 ······ 280
17.3 代码实现参考 ······ 281
17.4 知识点拓展:框架 ······ 291
练习 ······ 293

参考文献 ······ 294

附录 用 Alice 学习面向对象编程 ······ 295

第1篇 Java 基础编程

第 1 章 Java 初接触

1.1 程序的定义

程序这个词在生活中经常会用到,它是指为了达到某种目的,按照某种既定的步骤和方式进行的一系列行为。例如,生活中在柜员机取款的程序如下。
(1) 找到一台银行的柜员机。
(2) 插入银行卡。
(3) 输入密码。
(4) 选择取款项。
(5) 输入取款金额。
(6) 柜员机吐出钞票。
(7) 取出银行卡,结束取款。
上述就是在柜员机取款的基本程序,这个程序的顺序步骤如图 1.1.1 所示。

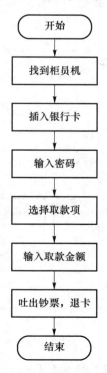

图 1.1.1 柜员机取款流程 1

而在真正取款的时候,可能会发生以下例外的情况。

(1)柜员机发生故障,需要另外找一台柜员机。
(2)柜员机当前没有钱,不能提供取款功能,需要另外找一台柜员机。
(3)密码不正确,需要重新输入密码。
(4)账户余额不足,需要重新输入取款金额。
(5)其他的若干例外情况。

这样取款程序的执行路径就比较复杂了,从开始到结束,除了顺序执行,还存在局部的循环执行和分支执行,如图1.1.2所示。

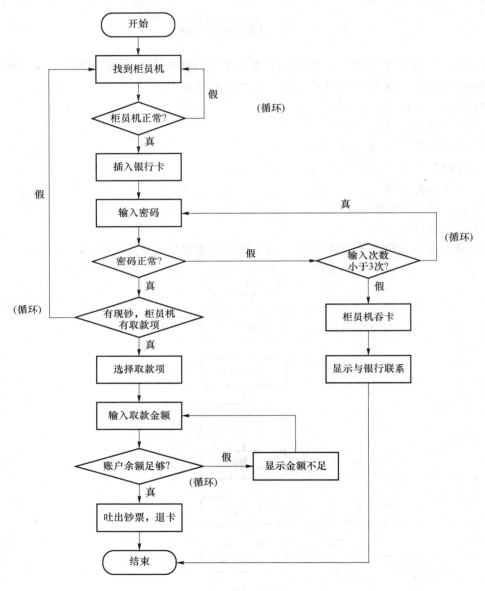

图1.1.2 柜员机取款流程2

我们在编写实际应用的程序时,除了要考虑正常基本的流程外,也要考虑所有可能的情况并给出适当的响应处理,这样编写出的程序才是完备的。若在程序中遗漏某些情况的处理,则当这些情况实际发生的时候,程序会"不知如何是好",从而暴露出用户看不懂的出错信息,或者给用户一些不正确的运行结果,这样的程序是不可用的。

以上是举例说明程序的流程,下面我们学习用计算机语言去编写程序,其实,不管用中文还是用计算机语言编写程序,逻辑思维过程基本是一样的,只不过计算机语言更加适合在计算机上执行而已。

1.2 学习Java的意义

Java简介

Java是一门高级计算机编程语言,1995年由著名的Sun公司(Sun MicroSystems)推出,2009年,Oracle公司宣布收购Sun,所以现在Java属于Oracle公司。这门语言最初的名字叫作Oak,后来改名为Java——一种咖啡的名字,所以Java的标志是一杯热气腾腾的咖啡。Java是当前最重要的编程技术之一。

图1.1.3 Java的相关标志

1. Java的应用

第一,应用于面向Internet的电子商务和大型网站的开发。例如,许多金融、政府、医疗、保险、教育、国防等网站都是建立在Java上的。

第二,应用于很多桌面单机软件和开发工具的编写和开发,如Ecilpse、InetelliJIdea和NetbansIDE等。

第三,应用于移动终端程序的开发。例如,谷歌安卓平台下的应用程序就是用Java来开发的。如果你的移动终端是安卓系统,那么手机上的应用程序就是用Java开发的。

Java在科学应用、大数据技术、人工智能等方面有着广泛的应用,是全世界使用最多的计算机语言之一。

2. Java平台简介

Java技术主要包括3个方面。

Java的特点

(1) Java SE(Java Platform Standard Edition)。Java标准版是Java技术的基础和核心,提供基础的Java开发工具、执行环境和类库,主要用于单机桌面应用程序的开发,是Java EE的基础。本书就是用来学习Java SE技术的。

(2) Java EE(Java Platform Enterprise Edition)。Java企业版是开发企业级服务器端应用程序的平台。Java EE是在Java SE的基础上构建的。在学习完本书之后,要开发企业级应用程序的时候,需要进一步学习Java EE技术。

(3) Java ME(Java Platform Micro Edition)。Java微型版是为机顶盒、移动电话和PDA之类的嵌入式移动终端设备提供的Java语言平台,现在已经很少用了。

1.3 开发 Java 程序的步骤

1. 编辑源程序

我们需要把要计算机做的事情用 Java 语言逐条描述出来,这个就是编写的 Java 程序,这个程序文件称为源程序或者源代码。Java 源程序文件的扩展名必须是.java。

2. 编译

计算机真正可以执行的只有机器指令,用计算机高级语言编写的程序必须翻译为机器指令,才能被计算机执行。翻译工作是由已经开发好的编译软件来做的。

当前的软件要在 Internet 环境下运行,就要具有跨平台的特性,也就是说,我们编写的一个程序在各种不同的计算机平台下都可以正常运行。由于每一种计算机平台运行的机器指令是不同的,所以如果一个程序要在不同的平台下运行,就需要分别翻译为不同的机器指令。而且,有的计算机语言在不同的平台下,编写的源程序本来就是有区别的,这就需要针对不同的平台修改源程序。这些特点都不利于跨平台,不适应当前的互联网应用要求。

Java 语言的基本特征是面向 Internet,具有跨平台的特点。首先用编译程序(javac.exe)将 Java 源程序(扩展名为.java)编译为字节码文件(扩展名为.class),但字节码文件并不是机器指令。字节码文件在不同的平台上需要由不同平台上的 Java 虚拟机(JVM)转换为相应平台的机器指令后才可以被执行,见图 1.1.4。所以,Java 源程序只需要编写一次,编译一次,就可以在不同的平台上运行,即"一次编写,处处运行"。

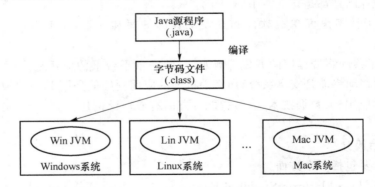

图 1.1.4　Java 的跨平台特性

3. 运行

Java 虚拟机是个软件,主要负责将字节码文件转换为各种具体平台上的机器指令,然后执行指令。在 Windows 操作系统下,用 java.exe 命令启动 Java 虚拟机,将字节码文件转换为机器指令并执行。

1.4　Java 的开发环境

1. JDK 的下载安装方法

JDK(Java Development Kit,Java 开发工具包)中包含了编写程序需要引用的大量的现成代码(叫作类库),以及 java 程序的编译工具、运行工

JDK 的下载安装

具、文档工具等软件工具。JDK 是 Oracle 公司免费提供的,可登录 Oracle 的官网下载。因为网站内容会经常变动,所以这里没有给出确切的下载链接,读者可通过寻找一些关键字找到下载 JDK 的链接:Development、DownLoad、Java、Java SE、JDK。注意,JDK 针对不同的平台有不同的版本,如 Windows 64 位、Windows 32 位、Linux 等,需要选择和你的操作系统平台一致的 JDK 版本进行下载。下载时请先勾选"Accept License Agreement",然后单击要下载的文件,将 JDK 的安装程序下载到你的硬盘。

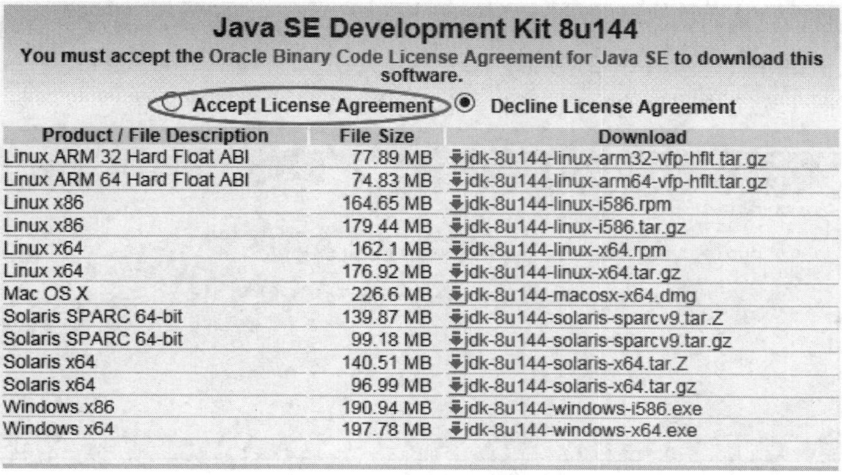

图 1.1.5　JDK 下载页面

Windows 平台的 JDK 是 .exe 文件(文件名形如 jdk-8u144-windows-x64.exe),直接运行此 exe 文件即可安装。假设当前下载的是 JDK1.8,JDK 安装的目录是 C:\Program Files\Java\jdk1.8.0_25\,在安装目录的 bin 子目录下,包含各种 Java 的软件工具,如编译器和运行解释器等,其中,编译命令是 javac.exe,运行解释命令是 java.exe,如图 1.1.6 所示。

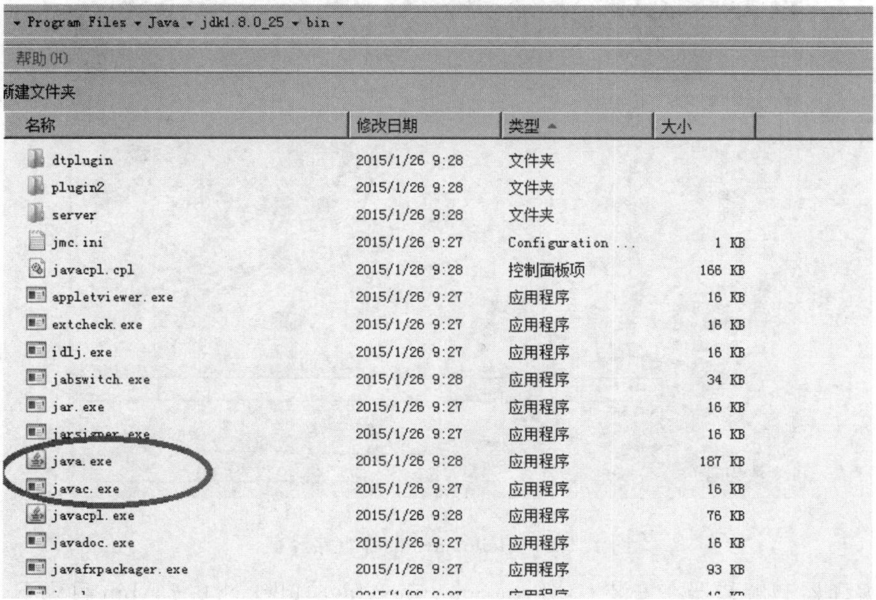

图 1.1.6　JDK 安装的文件列表

2. 设置 JDK 的操作环境方法

设置 JDK 的操作环境-1

设置 JDK 的操作环境-2

我们来试一试编写一个 Java 程序,然后编译运行:打开"记事本",编写一个 Java 程序,实现在屏幕上输出"hello world!"的功能。

请按照图 1.1.7 中程序内容原样编写(包括大小写),注意不要出错。

```
class Hello
{
    public static void main(String[] args)
    {
        System.out.print("hello world!");
    }
}
```

图 1.1.7 记事本中 Hello.java 的源码

写好之后,将这个文件存盘。注意:在 Java 程序存盘时,文件名的扩展名必须是.java,而且这个程序的文件名只能是 Hello.java(Java 语法规定,文件名必须和类名相同,当前的类名是 Hello),假设存盘路径是 D:\temp,那么当前存盘路径和文件名是 D:\temp\Hello.java(注意去掉记事本默认的文件扩展名.txt),见图 1.1.8。

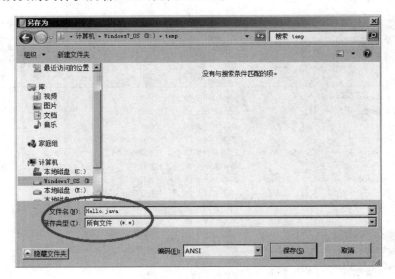

图 1.1.8 Hello.java 的存盘路径截图

现在编译器和解释器在安装 C:\Program Files\Java\jdk1.8.0_25\bin 目录下,而 Java 源

程序可能在任意的目录下。例如,Java源程序现在保存在D:\temp,那么在C:\Program Files\Java\jdk1.8.0_25\bin目录下,可以找到javac.exe和java.exe,但是找不到我们写的Java源程序;反之,在D:\temp可以找到Java源程序,但是找不到javac.exe和java.exe,以至于造成图1.1.9所示的运行错误。

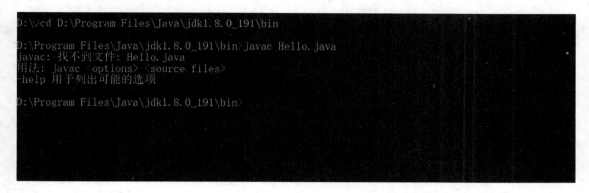

图1.1.9 运行错误

注意,不要把自己的源程序拷入JDK的目录中,这样会破坏JDK的结构。

为了能方便地编译运行任意目录下的源文件,并在任意目录下都可以访问javac.exe、java.exe这些命令,需要把这些命令所在的目录设置在环境变量PATH中,设置方法如下。

在计算机的资源管理器中,鼠标右击"计算机",选择右击菜单中的"属性",选择"高级系统设置",见图1.1.10。

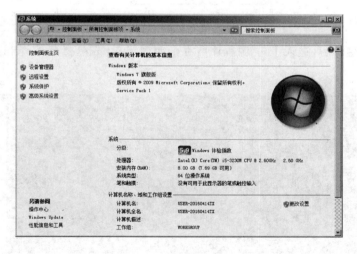

图1.1.10 设定环境变量的方法

选择"环境变量",见图1.1.11。

在"系统变量"中选择"Path",单击"编辑",见图1.1.12。

不要改变"变量值"原有的内容,在"变量值"内容的结尾加入JDK安装路径下的bin路径,即C:\Program Files\Java\jdk1.8.0_25\bin,注意此路径要和其他的路径用西文分号彼此分隔开,然后单击"确定"按钮,如图1.1.13所示。最后,需要重新打开cmd命令行窗口。这样无论在任何目录下都可以成功地找到并执行C:\Program Files\Java\jdk1.8.0_25\bin下的命令。

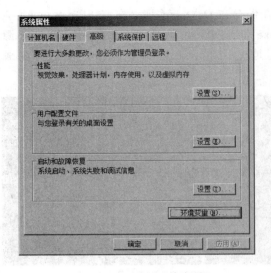

图1.1.11 选择"环境变量"　　　　　图1.1.12 单击"编辑"

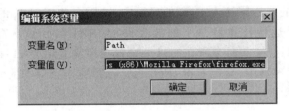

图1.1.13 单击"确定"按钮

打开命令行窗口后,进入Java源程序所在的目录d:\temp,然后编译和运行Hello.java,见图1.1.14。

图1.1.14 在命令行编译Java源码

这时可发现程序编译运行成功,屏幕上输出了"Hello world"。

真正开发软件时,需要在一个集成开发环境(Integrated Development Environment,IDE)中,将编辑、编译、运行、调试等功能集成在一个软件中,这样才能高效率地编写、调试程序。用于Java应用程序开发的IDE软件有若干种,Eclipse就是常用的一种。

3. Eclipse 的下载安装方法

编写程序一般都需要经过编辑、编译、运行、调试 4 个步骤,一般这些步骤会集中在一个集成开发环境中进行。Java 开发的 IDE 有很多,本书采用 Eclipse。可在 Eclipse 官网上下载安装文件,运行安装即可。(如果安装文件是压缩文件,那么直接解压,然后运行 eclipse.exe 即可。)

对于各种不同的 IDE,其界面结构是比较相似的,因为编程的基本步骤是一样的:编辑—编译—运行。

启动 Eclipse,打开的界面见图 1.1.15。

Elipse 的下载安装

4. Eclipse 的使用方法

(1)创建一个 Java 项目

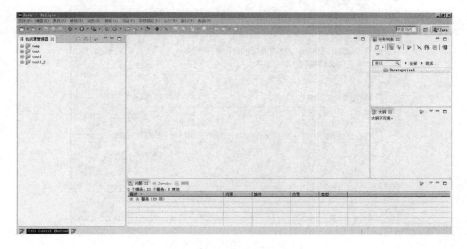

图 1.1.15　Eclipse 的界面

在 Eclipse 中,创建一个 Java 项目。选择菜单"文件"→"新建"→"Java 项目",见图 1.1.16。

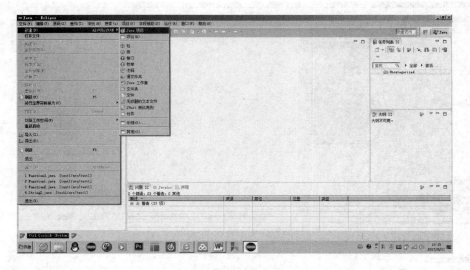

图 1.1.16　创建项目

然后输入项目名称（项目名称一般首字母小写），例如，输入test1，创建项目test1，会在当前工作区创建一个文件夹test1，当前项目的所有文件都会放入此文件夹中，见图1.1.17。

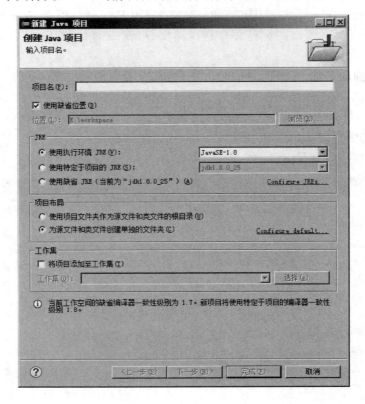

图1.1.17　输入项目名称

（2）创建Java源文件

选中刚才创建的项目，选择菜单"文件"→"新建"→"类"，见图1.1.18。

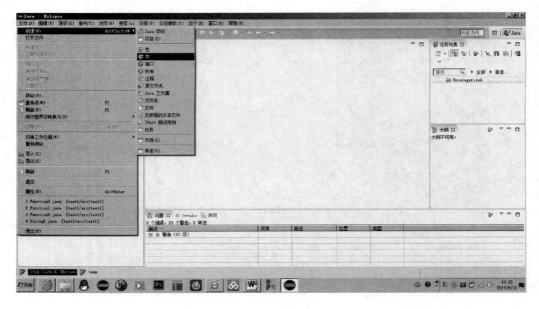

图1.1.18　创建Java源文件

输入类名(类名一般首字母大写,后续每个单词首字母大写),如输入 HelloJava。然后勾选"public static void main(String[] args)",这是 Java 程序的执行起点,见图 1.1.19。

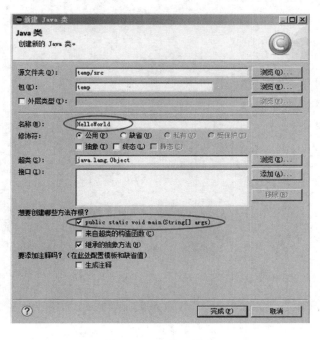

图 1.1.19　输入类名

在 Eclipse 中生成的程序框架见图 1.1.20(双斜杠后面是系统生成的注释语句,可以忽略,也可以删除)。

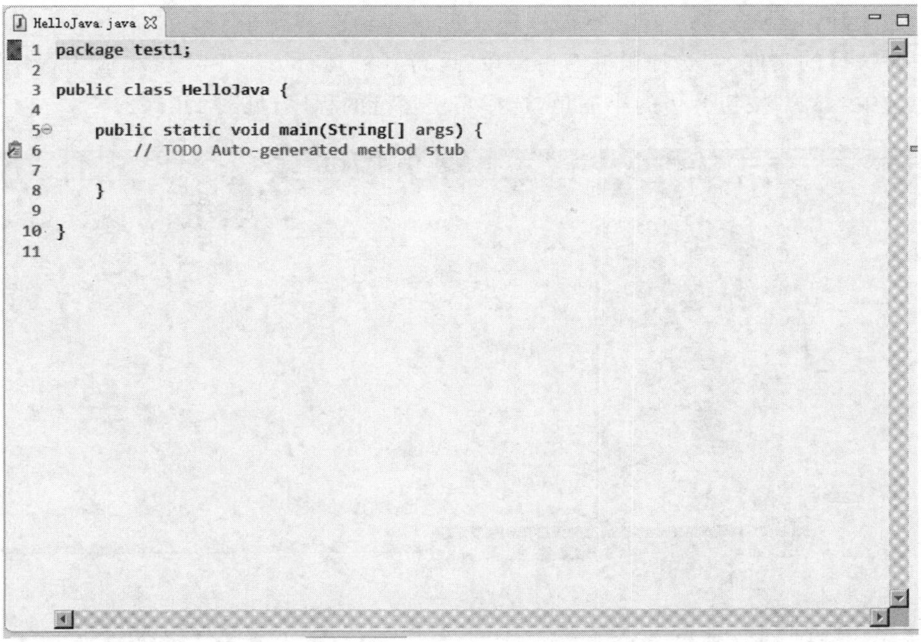

图 1.1.20　在 Eclipse 中生成的程序框架

可将需要执行的语句加入程序框架中,见图 1.1.21。

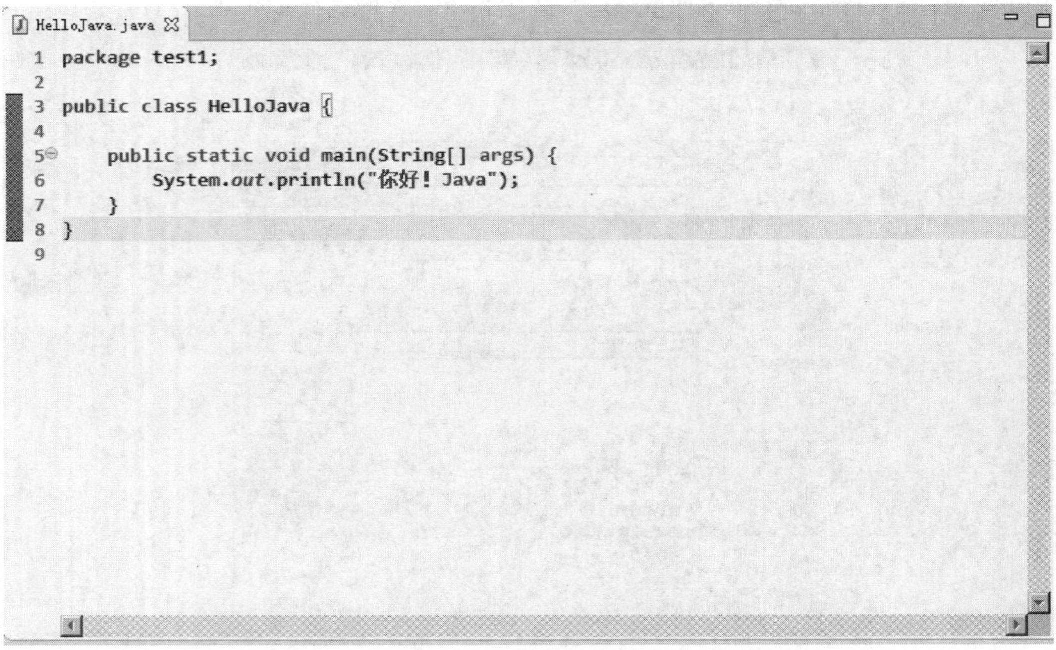

```
HelloJava.java ⊠
1 package test1;
2
3 public class HelloJava {
4
5     public static void main(String[] args) {
6         System.out.println("你好! Java");
7     }
8 }
9
```

图 1.1.21　在 Eclipse 中编辑源程序

（3）编译程序

Eclipse 会自动实时进行程序编译,如果在编写程序过程中出现编译错误,会在编辑窗的左边出现红叉的错误提示。当修改程序消除编译错误之后,错误提示会消失。

（4）运行 Java 程序

选中要执行的文件名,选择鼠标右击菜单"运行"→"运行方式"→"Java 应用程序"或者在工具栏中选中"![]"按钮旁边的小三角,选择需要运行的程序,见图 1.1.22。

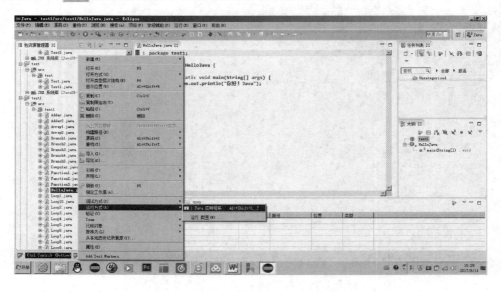

图 1.1.22　在 Eclipse 中运行程序

如果在控制台窗口中看到"你好！Java"，那么你的第一个 Java 程序已经编写成功了，你在屏幕上输出了"你好！Java"。

1.5　Java 的基本语法规定

1. Java 程序结构

Java 程序是由类（class）组成的。上文编写的第一个程序结构很简单，只有一个类，类的名字是 HelloJava。

public classHelloJava {

}

public 和 class 是有特殊语法含义的，叫作关键字，要原样照写。类中包含的内容要写在大括号中。

HelloJava 类中的内容是 main() 函数，main() 函数是整个程序的执行入口和执行出口。当整个程序运行时，从 main() 函数的第一行开始运行，执行到 main() 函数的最后一行时，程序运行就结束了。main() 函数的头部必须按照如下方式来写，main() 函数包含的内容要写在大括号中。

public static void main(String[] args) {

}

当前程序要实现的功能是在屏幕上输出一行字符串"你好！Java"。这些和计算机底层部件功能相关的实现，都有现成的实现模块可以引用。在屏幕上输出字符串可由下面语句实现：

System.out.println("你好！Java");

在图 1.1.21 中，代码的第一行"package test1;"在当前项目中创建一个包 test1，实际就是创建一个文件夹 test1，当前类就放在这个文件夹中。package 称为包，实际就是文件夹。

Java 规定，程序存盘的文件名要和主类名一样（大小写也要一样），所以以上程序的文件名和类名都是 HelloJava。

2. 标识符、关键字和命名规范

程序中的每个"单词"叫作一个标识符。有的标识符是有特定语法含义的，叫作关键字。程序员命名标识符的时候，要遵从命名规范，否则，编译是不可能通过的。

Java 标识符的命名规范：标识符可以用字母、数字、$、_（下划线）组成，不可用数字开头，不可以是关键字。

另外，Java 程序员通常还共同遵循一些命名约定：（所谓的"约定"并不是语法规定，只是为了提高开发和合作效率，程序员共同采纳的做法。希望大家遵照这些约定。）

包名：全部小写（如 multiplicationtable）。

类名：每个单词的首字母大写（如 MultiplicationTable）。

变量名、函数名：第一个字母小写，以后每个单词的首字母大写（如 multiplicationTable）。

常量：全部使用大写字母，单词间用下划线隔开（如 MULTIPLICATION_TABLE）。

3. Java 的关键字

关键字不能用来命名标识符,它们有特殊的语法含义,会被编译软件转换为特定的执行功能。表1.1.1是Java的关键字,我们不需要去记忆它们,后续会陆续学习到它们的语法和用法。

表 1.1.1　Java 的关键字

abstract	assert	boolean	break	byte
case	catch	char	class	const
continue	default	do	double	else
enum	extends	final	finally	float
for	goto	if	implements	import
instanceof	int	interface	long	native
new	package	private	protected	public
return	strictfp	short	static	super
switch	synchronized	this	throw	throws
transient	try	void	volatile	while

4. 编写的第一个 Java 程序

编写的第一个 Java 程序-1

编写的第一个 Java 程序-2

【代码1.1】　在屏幕上显示"你好！Java"

```
1  package test1;
2
3  public class HelloJava {
4
5      public static void main(String[] args){
6          System.out.println("你好！Java");    //在屏幕上显示字符串"你好！Java"
7      }
8  }
```

在代码1.1中,第1行中的package是关键字,test1是程序员起的包名。这句话的作用是,在当前项目中,如果没有文件夹test1,则创建一个文件夹test1,并将当前类放入此文件夹中;如果已经有文件夹test1,则直接将当前类放入此文件夹中。包和文件夹是一致的,创建不同的包,就是创建不同的文件夹,从而可以将不同的类分别放在该项目的不同文件夹中。

第3行是类定义的头部。public是关键字,用public修饰的类是主类。一个Java文件可以由多个类组成,但是一个Java文件只能有一个主类。包含了main()函数的类一定是主类。class是关键字,HelloJava是程序员起的类名。第3行语句定义了一个类。

第 5 行到第 7 行是类 HelloJava 的内容。类的内容必须写在一对大括号中。HelloJava 类中包含的内容是一个 main() 函数。

第 5 行是函数定义的头部。这个函数是一个特殊的函数：main() 函数。任何 Java 应用程序的运行都是从 main() 函数的第一句开始执行，到 main() 函数的最后一句结束。

在定义 main 函数的时候，第 5 行中的每一个标识符（除了参数名 args 外）都不能改变，之后我们会学习每个标识符的含义。其中，public、static、void 是关键字，main 是函数名，String 是标准类库中定义的字符串类型。Java 对大小写是敏感的，也就是说，大小写是不同的，大小写必须按照代码 1.1 所示的来写。

第 6 行是 main() 函数中的内容。这句话的功能是，在屏幕上显示字符串。需要显示的字符串写在小括号中的双引号中即可。函数的内容都要写在一对大括号中。

执行语句的每一行都以分号结束。

代码缩进虽然不是语法规定，但是，为了提高程序的可读性，代码缩进也是需要的。请你模仿代码 1.1 中所有的代码缩进。

5．代码注释

在程序源代码中，经常需要加入一些注释，以增加程序的可读性，或者记录一些相关的信息。注释部分在编译的时候是被忽略的。Java 有 3 种形式的注释。

(1) 单行注释

单行注释以"//"开头，到该行行尾，如代码 1.1 的第 6 行。

(2) 多行注释

多行注释以"/＊"开头，以"＊/"结束，如

/＊

作者：lily wang

时间：20190328

＊/

(3) 文件注释

文件注释以"/＊＊"开头，以"＊/"结束。这种注释主要用于描述当前代码的功能和调用接口。使用 JDK 中的 javadoc 命令，可以生成当前程序的说明文档。

练　　习

一、选择题

1. 以下不是合法 Java 标识符的有（　　）。
   A．STRING　　　　　B．x3x　　　　　　C．void　　　　　　D．deSf
2. 在 Java 中，下列标识符不合法的有（　　）。
   A．new　　　　　　B．$Usdollars　　　C．1234　　　　　　D．car.taxi

二、编程题

1. 下载、安装 Java 编程环境。
2. 用"记事本"写一个 Java 程序，实现在屏幕输出"hello,java!"，然后在命令行窗口编译运行此程序。

3. 在 Eclipse 中写一个 Java 程序,实现在屏幕输出"hello,java!"。
4. 编写程序,实现在屏幕上输出图 1.1.23 所示的图形。

```
  *
 **
***
```

图 1.1.23 图形

第 2 章 数据类型和运算符

程序的主要功能是对数据进行运算和处理，被处理的数据首先必须存入内存。那么，数据首先需要在内存分配存储空间。Java 属于静态强类型语言，在开辟内存空间的时候，需要声明数据类型。Java 提供各种运算符，用于各种数据运算。

下面通过具体程序的实现过程，来认识 Java 的数据类型和运算符。

【例 2.1】 编写程序，求出两个整数的和并将和的值输出在屏幕上，程序流程见图 1.2.1。

在 Eclipse 中，右击选中的项目名称（也可以创建一个新的项目），选择菜单"新建"→"类"，创建一个新的类 Adder，勾选"public static void main(String[] args)"，见图 1.2.2。

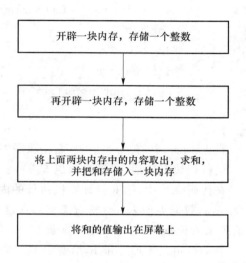

图 1.2.1 程序需求

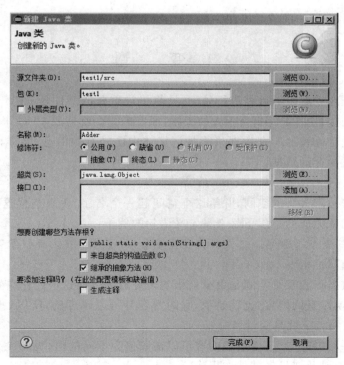

图 1.2.2 在 Eclipse 中创建新类

接着在main()函数中加入程序内容。

【代码2.1】

代码2.1

```
1  package test2;
2
3  public class Test2_1 {
4
5      public static void main(String[] args) {
6          int a = 2;
7          int b = 3;
8          int sum = a + b;
9          System.out.print(sum);
10     }
11 }
```

在Eclipse中,右击当前类,右击菜单"运行方式"→"java应用程序"。

运行代码2.1后,屏幕显示出5。

在代码2.1中,第6行计算机执行的内容可以理解为,在内存开辟一块空间,给这块空间命名为a,数据类型为int(整数类型),在这块空间中放入整数2。这个工作被称为定义变量a,a的类型为整数类型,给变量a赋值2。

第7行定义整形变量b,给变量b赋值3。

第8行定义整形变量sum,将变量a中的值和变量b中的值相加,将相加得到的结果赋值给变量sum。

第9行将变量sum中的值输出在屏幕上。

2.1 变　　量

计算机的功能之一就是对数据进行处理,计算机最重要的部件是CPU和内存,这两个部件组成了计算机的主机。CPU相当于人的大脑,所有的指令都需要CPU来执行;内存相当于人脑的记忆体。大脑处理的所有数据只能是记忆体中已经有的信息,同样,CPU处理的数据必须是事先加载入内存的数据。

1. 变量定义

在内存中开辟一定大小的空间,并给这个空间起一个名字,用来指代这个空间,这个过程是由变量定义语句来完成的。以下是变量定义语句的例子:

　　int　a;　　//变量定义语句。定义a为整型变量,为变量a在内存分配空间

2. 变量赋值

把要处理的数据存入某个空间是由赋值语句来完成的。而这块内存空间可以通过再次赋值,用新的内容替换原有的内容,也就是说,它的内容是可以改变的,所以,我们把这个空间叫作变量,这个空间的名字就是变量名。

一个变量是一块内存空间,变量的内容可以被赋值为不同的值,见图1.2.3。任何变量必须先定义,然后才能对此变量做其他的操作。

以下是赋值语句的例子:

```
int a;
a = 2; //赋值语句,将变量 a 的内容赋值为 2
```
也可以在定义变量的同时赋初值：
```
int a = 2;
```

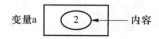

图 1.2.3　变量与变量值的关系

那么，在内存中开辟多大的空间，这块空间可以存入怎样的值，这个变量可以做哪些运算，这些都由变量的数据类型决定。

计算机存储空间的大小以字节（Byte）为单位，一个字节可以存储 8 个 0、1 二进制位。

不同的编程语言对变量的处理方式不同。Java 是静态强类型语言，即每个变量必须在定义后才能使用，并且变量只接收与之类型匹配或相容的值，否则，编译就不能通过。

2.2　数　据　类　型

Java 内置的基本数据类型见表 1.2.1。

表 1.2.1　Java 的基本数据类型

数据类型		字节数	表示范围
整型	byte	1	−128～127
	short	2	−32 768～32 767
	int	4	−2 147 483 648～2 147 483 647
	long	8	−9 223 372 036 854 775 808～9 223 372 036 854 775 807
字符型	char	2	'\u0000'～'\uffff'
布尔型	boolean	1	布尔值只能使用 true 或 false
浮点型	float	4	$-3.4E38(-3.4\times10^{38})～3.4E38(3.4\times10^{38})$
	double	8	$-1.7E308(-1.7\times10^{308})～1.7E308(1.7\times10^{308})$

1. 整型

Java 语言的整型常量有 4 种进制的表示形式。

（1）十进制：用多个 0～9 之间的数字表示，首位不可以是 0，如 128。

（2）二进制：以 0b 或者 0B 开头，后面跟多个 0、1 表示，如 0b11001、0B110。

（3）八进制：以 0 开头，后面跟多个 0～7 之间的数字表示，如 076。

（4）十六进制：以 0x 或者 0X 开头，后面跟着多个 0～9 或者 a～f 小写或者大写字母表示，a～f 之间的小写或者大写字母代表 10～15 之间的整数，如 0X23EF、0x79da。

整型有 byte、short、int、long 四种，每种分配空间的长度不同。

一个整型常量默认是 int 类型，当一个整型常量是 long 整型的时候，需在后面加字母 l 或者 L。例如，"long i = 3000000000;"语句会在编译时出错，原因是整型常量 3000000000 在没有任何标识的时候默认是 int 类型，但是这个值又超出了 int 类型可以表示的最大范围。这就需要在这个数后面加字母 l 或者 L，将这个整型变量标识为 long 类型，这样"long i =

3000000000L;"语句在编译时就不会出错。

2. 字符型

字符型的类型名是 char。

字符型常量必须写在单引号里,并且只能是1个字符,如'A'、'w'。

Java 语言采用的是 Unicode 编码方式。Java 语言的每个字符在内存占两字节,是一个 0~65535 的正整数。字符存储在计算机里,实际是一个整数。0~127 这 128 个整数和字符的对应关系,可以查看 ASCLL(American Standard Code for Information Interchange,美国标准信息交换代码)表。例如,'A'是 65,'B'是 66,'a'是 97,'b'是 98,所以大写字母转成对应的小写字母时,只需要加上 32 即可。字符型的本质是整型。

写在双引号中的是字符串,字符串可以由任意多个字符组成,如"hello"、""(空字串)。字符串和字符是两种完全不同的类型。

一些特殊的字符很难用可见的字符表达,在 Java 中用转义字符来表达。转义字符是以反斜杠("\")开头的字符,常用的转义字符如下,见表 1.2.2。

表 1.2.2 Java 转义字符

转义字符	说 明
\n	换行(LF),将当前位置移到下一行开头
\t	水平制表(HT)(跳到下一个 Tab 位置)
\\	代表一个反斜杠字符"\"
\'	代表一个单引号(撇号)字符
\"	代表一个双引号字符
\ooo	3 位八进制数所代表的 Unicode 字符
\uxxxx	4 位十六进制所代表的 Unicode 字符

例如,

char ch1 = 'e';

char ch2 = '\142';   //字符'b'

char ch3 ;

ch3 = ch1-32;   //小写字母减去 32 就是对应的大写字母,ch3 是字符'E'

3. 布尔型

布尔型的类型名是 boolean。布尔类型用来表示逻辑值,只有两个常量值:true(真)和 false(假)。例如,1>2 就是 false,5<6 就是 true。

4. 浮点型

浮点型用来表示既有整数部分又有小数部分的实数。

浮点型常量有两种表示方法。

- 标准计数法:由整数部分、小数点和小数部分构成,如 3.1415。
- 科学计数法:由整数部分、小数点、小数部分和指数部分构成。例如,3.14e+2 代表 3.14×10^2,2.344e-3 代表 2.344×10^{-3}。

浮点型常量有 float 和 double 两种。浮点型常量默认是 double 类型,当一个浮点数是 float 的时候,需在后面加字母 f 或者 F。例如,语句"float f = 3.5;"是有编译错误的,原因是

3.5 默认是 double 类型，double 类型的数赋值给 float 类型的变量时超出了范围，在 3.5 后面加入字母 f 或者 F，明确标识为 float 类型，编译就没错了，或者将"float f = 3.5F;"改为"double f = 3.5;"。

计算机的原理决定了浮点型变量的小数部分存储的精确度是有一定限度的，不是绝对精确。所以，一般不用"=="来对比两个浮点数是否相等，而是用两个浮点数差的绝对值是否足够小，来判断两个浮点数是否足够接近。例如，判断浮点型变量 f1 的值和 f2 的值是否相等，可以用如下表达式：Math.abs(f1－f2) < 1.0e-7。〔Math.abs()是标准类库中用来求绝对值的函数。〕

2.3 常用运算符

- 算术运算符：＋、－、＊、/、％。
- 赋值运算符：＝、＋＝、－＝、＊＝、/＝、％＝、&＝、|＝。
- 关系运算符：<、>、<=、>=、==、!=。
- 逻辑运算符：&&、||、!。
- 条件运算符：(？:)。
- 字符串连接符：＋。
- 位运算符：&、|、~、^、<<、>>、>>>。

1. 算术运算符

（1）二元运算符

Java 的二元运算符见表 1.2.3。

表 1.2.3 Java 的二元运算符

操作符	描述	例子
＋	加法：运算符两侧的值相加	a＋b 等于 30
-	减法：左操作数减去右操作数	a－b 等于 10
＊	乘法：运算符两侧的值相乘	a ＊ b 等于 200
/	除法：左操作数除以右操作数	a / b 等于 2
％	取模：左操作数除以右操作数的余数	a％b 等于 0

两个相同类型的数做运算，结果也是和该数相同类型。整数除以整数，结果也是整数，所以 5/3 的结果为 1，3/5 的结果为 0，而 3/5.0 的结果为 0.6。

Java 允许整数取模运算，5％3 的结果为 2，Java 也允许浮点取模运算，37.2％10 的结果为 7.2。如果有负数参与，则取两个数的绝对值进行取模运算，结果的符号和被除数相同，例如，2％－3 的结果为 2，－2％3 的结果为－2，－2％－3 的结果为－2。

【代码 2.2】 算术运算符案例

```
1  package test2;
2  public class Test2_2 {
3
4      public static void main(String[] args) {
5          int a = 10;
```

```
6       int b = 20;
7       int c = 25;
8       int d = 25;
9       System.out.println("a + b = " + (a + b));    //"+"号的一边是字符串的
10                                                    //时候,"+"实现字符串连接
11      System.out.println("a - b = " + (a - b));
12      System.out.println("a * b = " + (a * b));
13      System.out.println("b / a = " + (b / a));
14      System.out.println("b % a = " + (b % a));
15      System.out.println("c % a = " + (c % a));
16    }
17  }
```

代码 2.2 的运行结果为

a + b = 30

a - b = -10

a * b = 200

b / a = 2

b % a = 0

c % a = 5

(2) 一元运算符

Java 的一元运算符见表 1.2.4。

表 1.2.4 Java 的一元运算符

| ++ | 自增:操作数的值增加 1 | a++或++a 等价于 a = a + 1 |
| -- | 自减:操作数的值减少 1 | a--或--a 等价于 a = a - 1 |

++/-- 可以写在变量的左边或者右边,而写在左边和写在右边的含义是不同的。

- ++a:a 先自增 1,再取 a 的值做运算。
- a++:先取 a 的值做运算,a 再自增 1。

【代码 2.3】 ++/-- 运算符案例

```
1   package test2;
2   public class Test2_3{
3       public static void main(String[] args){
4           int a = 3;//定义一个变量;
5           int b = ++a;//自增运算
6           System.out.println("a = " + a);
7           System.out.println("b = " + b);
8           int c = 3;
9           int d = c--;//自减运算
10          System.out.println("c = " + c);
11          System.out.println("d = " + d);
```

```
12        }
13   }
```

代码 2.3 的运行结果为

a = 4

b = 4

c = 2

d = 3

2. 赋值运算符

把赋值运算符右边表达式的值求出来,赋值给左边的变量。

例如,

int　a = 1;　　//定义整形变量 a,赋初值 1

a = a + 1;　　//将 a 的值加 1,结果赋值给 a。执行这句之后,a 的值是 2。

复合赋值运算符见表 1.2.5。

表 1.2.5　Java 的复合赋值运算符

操作符	例　子
+=	a += b 等价于 a = a + b
-=	a -= b 等价于 a = a - b
*=	a *= b 等价于 a = a * b
/=	a /= b 等价于 a = a / b
%=	a %= b 等价于 a = a % b
&=	a &= b 等价于 a = a & b
^=	a ^= b 等价于 a = a ^ b
|=	a |= b 等价于 a = a | b

3. 关系运算符

关系运算符有以下几种,见表 1.2.6。

表 1.2.6　Java 的关系运算符

运算符	描述	例子
==	如果两个操作数的值相等,则结果为 true	a==b 为 false
!=	如果两个操作数的值不相等,则结果为 true	a!=b 为 true
>	如果左操作数的值大于右操作数的值,则结果为 true	a>b 为 false
<	如果左操作数的值小于右操作数的值,则结果为 true	a<b 为 true
>=	如果左操作数的值大于或等于右操作数的值,则结果为 true	a>=b 为 false
<=	如果左操作数的值小于或等于右操作数的值,则结果为 true	a<=b 为 true

【代码 2.4】　关系运算符案例

```
1   package test2;
2   public class Test2_4 {
3
```

```
4       public static void main(String[] args) {
5           int a = 10;
6           int b = 20;
7           System.out.println("a == b is " + (a == b));
8           System.out.println("a != b is " + (a != b));
9           System.out.println("a > b is " + (a > b));
10          System.out.println("a < b is " + (a < b));
11          System.out.println("b >= a is " + (b >= a));
12          System.out.println("b <= a is " + (b <= a));
13      }
14  }
```

代码2.4的运行结果为

a == b is false

a != b is true

a > b is false

a < b is true

b >= a is true

b <= a is false

4. 逻辑运算符

逻辑运算符有以下几种,见表1.2.7。

例如,

boolean a = true,b = false;

表1.2.7 Java 逻辑运算符

操作符	描述	例子
&	逻辑与。当且仅当两个操作数都为 true 时,结果为 true	a & b 为 false
|	逻辑或。如果两个操作数中的任何一个为 true,则结果为 true	a | b 为 true
!	逻辑非。对操作数的逻辑值取反	!b 为 true
&&	简洁与。当且仅当两个操作数都为 true 时,结果为 true;当左边操作数为 false 时,则越过右边操作数的求值,结果直接为 false	a && b 为 false
||	简洁或。如果两个操作数中的任何一个为 true,则结果为 true;当左边操作数为 true 时,则越过右边操作数的求值,结果直接为 true	a || b 为 true
^	异或。当两个操作数同时为 true 或者同时为 false 时,结果为 true	a ^ b 为 false

【代码2.5】 逻辑运算符案例

```
1   package test2;
2   public class Test2_5{
3       public static void main(String[] args){
4           int a = 5;
5           boolean b = (a<4)&&(a++<10);
6           System.out.println("使用短路逻辑运算符的结果为" + b);
```

```
7        System.out.println("a 的结果为" + a);
8      }
9  }
```

在代码第5行中,因为a<4为假,所以a++<10被"短路",a++不会被执行,那么a的值不变。

代码2.5的运行结果为

使用短路逻辑运算符的结果为false

a 的结果为5

【代码2.6】 逻辑运算符案例

```
1  package test2;
2  public class Test2_6{
3     public static void main(String[] args){
4        int a = 5;
5        boolean b = (a<4)&(a++<10);
6        System.out.println("使用非短路逻辑运算符的结果为" + b);
7        System.out.println("a 的结果为" + a);
8      }
9  }
```

在代码第6行中,因为a++<10没有被短路,所以a的值自增1。

代码2.6的运行结果为

使用短路逻辑运算符的结果为false

a 的结果为6

5. 条件运算符(?:)

形式:表达式1?表达式2:表达式3。

语义:当表达式1为true时,结果为表达式2,否则结果为表达式3。

【代码2.7】 条件运算符案例

```
1  package test2;
2  public class Test2_7 {
3     public static void main(String[] args){
4        int a , b;
5        a = 10;
6        //如果a==1为true,则b赋值为20,否则为30
7        b = (a == 1) ? 20 : 30;
8        System.out.println( "Value of b is : " + b );
9
10       //如果a==10为true,则b赋值为20,否则为30
11       b = (a == 10) ? 20 : 30;
12       System.out.println( "Value of b is : " + b );
13    }
14 }
```

代码2.7的运行结果为

Value of b is：30

Value of b is：20

6. 字符串连接符

对于加号"＋"，如果左右两边都是数值类型的话，就执行加法运算；如果左右两边都是字符串的话，就执行字符串串接；如果左右有一边是字符串的话，就自动将另一边转换为对应的字符串，然后做字符串串接运算。要将一个数值 a 转换为字符串，只需要 a＋""即可。

【代码2.8】 "＋"运算符案例

```
1  package test2;
2  public class Test2_8 {
3      public static void main(String[] args){
4          int a = 10 , b = 20;
5          System.out.println("两个数的和 = " + (a + b));//a、b两个整数之间的加号，
                                                          //做加法
6
7          System.out.println( a + "20");//此句中的加号,先把a转换为字符串"10",
8                                         //然后把两个字符串串接
9      }
10 }
```

代码2.8的运行结果：

两个数的和 = 30

1020

7. 位运算符

一般来说，位运算符只用来操作整数类型的值，将操作数以计算机存储中的二进制编码形式，按位进行操作。

Java 的位运算符有以下几种，见表1.2.8。

例如，

int a = 60,b = 13;

表1.2.8　Java 的位运算符

操作符	描述	例子
＆	如果相对应位都是1,则结果为1,否则为0	(a＆b)得到12,即 0000 1100
|	如果相对应位都是0,则结果为0,否则为1	(a | b)得到61,即 0011 1101
^	如果相对应位值相同,则结果为0,否则为1	(a^b)得到49,即 0011 0001
~	按位取反运算符翻转操作数的每一位,即0变成1,1变成0	(~a)得到－61,即 1100 0011
<<	按位左移运算符。左操作数按位左移右操作数指定的位数	a << 2 得到240,即 1111 0000
>>	按位右移运算符。左操作数按位右移右操作数指定的位数	a >> 2 得到15,即 1111
>>>	按位右移补零操作符。左操作数的值按右操作数指定的位数右移,移动得到的空位以零填充	A>>> 2得到15,即 0000 1111

在适用的范围内,按位运算可以相对提高运算效率。这里略去了二进制编码的相关内容(原码、反码、补码、符号位等)。

2.4 数据类型转换

1. 自动类型转换

整型、浮点型、字符型数据可以混合运算。在运算中,不同类型的数据先自动转化为同一类型,然后进行运算。自动类型转换是短类型向长类型的转换:

短 --> 长

byte,short,char ⟶ int ⟶ long ⟶ float ⟶ double

例如,

int a = 2;

double b = 3.5;

double sum = a + b; //a 和 b 运算,a 首先自动由 int 转换为 double,运算结果是 double。

2. 强制类型转换

在类型兼容的前提下,按照程序员的意愿进行显式的类型转换,类型转换只限本次。

形式:(目标类型)表达式。

【代码 2.9】 强制类型转换案例

```
1  package test2;
2  public class Test2_9 {
3      public static void main(String[] args) {
4          double d = 3.14;
5          int a = (int)d;    //将 d 强制类型转换为 int
6          System.out.println(a);
7          System.out.println(d);   //d 仍旧是 double 类型
8      }
9  }
```

代码 2.9 的运行结果:

3

3.14

【代码 2.10】 求 1/52 的值

```
1  package test2;
2  public class Test2_10 {
3      public static void voidmain(String[] args) {
4          int t = 52;
5          double result ;
6          result = 1/(double)t; //如不将 t 强制类型转换为 double,运算结果会是 0
7          System.out.println(result);
8      }
```

```
9    }
```
在类型不相容的情况下,是不能进行强制类型转换的,例如,
```
boolean result = true;
int a;
a = (int)result; //此句编译错误,boolean 类型不能强制转换为 int
```

2.5 从键盘读入数据

从键盘读入数据是和计算机输入输出相关的,若在类库中已经有实现类,我们按照编程接口调用类中提供的方法来实现即可。

从键盘读入数据在标准类库中有不同的方法,这里先学习其中的一种方法,这种方法要用到 Scanner 类。

代码 2.11-1　　代码 2.11-2　　代码 2.11-3

【代码 2.11】 用 Scanner 类实现键盘输入

```
1  package test2;
2  import java.util.Scanner;                                //导入 Scanner 类的路径
3
4  public class Test2_11 {
5      public static void main(String[] args) {
6          Scanner reader = new Scanner(System.in);   //创建一个 Scanner 对象
7
8          System.out.println("请输入一个字符串:");//输出提示语
9          String str = reader.nextLine();         //从键盘读入一行字符串,赋值给 str
10
11         System.out.println("请输入一个整数:");
12         int t = reader.nextInt();               //从键盘读入一个整数,赋值给 t
13
14         System.out.println("请输入一个浮点数:");
15         double d = reader.nextDouble();         //从键盘读入一个浮点数,赋值给 d
16
17     }
18 }
```

Scanner 类可以方便地用于从键盘读入数据,要使用 Scanner 类,必须先创建 Scanner 的对象:"Scanner reader = new Scanner(System.in);"。这里将对象命名为 reader,System.in 指代的是标准输入设备,默认的就是键盘。

Scanner 类在使用的时候,需要在程序前面导入此类在类库中的路径"import java.util.Scanner;"。Scanner 类在类库的 util 包中。有些类在引用的时候不需要导入路径,如 String、System 等,因为这些类在 java.lang 包中,而 java.lang 包是默认导入的。

要读入数据时,用 Scanner 类的对象调用函数 next×××() 来完成。例如,reader.nextInt()是把用户在键盘输入的一个整数读入进来;reader.nextLine()用于读入用户在键盘输入的一个字符串。使用 Scanner 类时,要按照 Scanner 类的编程接口来使用。可以自行学习文档中 Scanner 类的基本编程接口。

当需要用户从键盘输入数据的时候,程序应该给出提示语,提示用户做键盘输入,如代码 2.11 中的第 8、11、14 行。程序要注意和用户之间建立良好的交互关系。

练 习

一、选择题

1. 以下哪种不是基本数据类型(　　)。
   A. short　　　　　B. Boolean　　　　　C. byte　　　　　D. float
2. 不用 import 语句导入而是自动导入的包是(　　)。
   A. java.lang　　　B. java.system　　　C. java.io　　　　D. java.util

二、编程题

1. Scanner 类还有哪些 next×××() 函数?分别是用来读入什么类型的数据的?其中 nextLine()和 next()都可以用来读入字符串,这两个函数有什么区别?分别适用于什么情况?
2. 编程从键盘读入两个整数,然后求出两个数的和,在屏幕输出形如"×××+×××=×××"的完整结果算式。

第 3 章 流程控制

程序在总体上是按照语句的次序顺序执行的。程序可以根据某种条件,在若干个分支中选择其中之一,也可以让某些语句循环执行,直到某条件满足而停止循环。这就是程序的顺序结构、分支结构、循环结构的 3 种基本流程控制。下面学习 Java 流程控制语句的使用方法。

请练习本章中的各个程序,注意被标注的重点语句的语义,并熟悉相关的语法规定。

3.1 顺序结构

让我们从下面的编程做起,体会顺序结构的流程。

【例 3.1】 需求:提示用户从键盘输入两个整数,求出两个数的乘积,并在屏幕上输出,如图 1.3.1 所示。

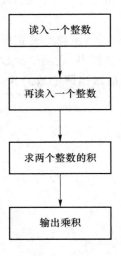

图 1.3.1 例 3.1 图

【代码 3.1】

代码 3.1

```
1  package test3;
2
3  import java.util.Scanner;
4
5  public class Test3_1{
6
7      public static void main(String[] args) {
8          int a,b,product;
9          Scanner reader = new Scanner(System.in);
```

```
10
11          System.out.println("请输入一个整数:");//需用户操作之前,需要提示用户
12          a = reader.nextInt();
13
14          System.out.println("请再输入一个整数:");
15          b = reader.nextInt();
16
17          product = a * b;
18
19          System.out.print(a + " * " + b + " = " + product);
20      }
21  }
```

在代码 3.1 中,第 8 行定义了 3 个整型变量 a、b、product,用来保存两个整数它们和乘积。这 3 个变量没有赋初值,那么初值为随机数。

第 9 行要从键盘录入数据,要通过引用标准类库中的 Scanner 类来完成。先创建一个 Scanner 的对象 reader,用到语句:

Scanner reader = new Scanner(System.in);

其中,System.in 指代标准输入设备,默认的是键盘。上述语句可以理解为创建一个和键盘相联的输入对象,名字叫作 reader。当需要从键盘读入数据时,从 reader 读入就可以了(此 reader 是程序员自己命名的标识符)。

Scanner 类在标准类库的 util 目录下,需要导入 Scanner 类的路径才可以成功引用。在 Eclipse 中,只需要按下快捷键 ctrl+shift+O(或者选择 Eclipse 的快速解决提示 quick fixes),导入 Scanner 类的路径语句就会自动添加在程序的前部:

import java.util.Scanner;

第 12 行的 a = reader.nextInt()表示从键盘读入一个整数,将读入的整数赋值给 a。如果用户不在键盘输入的话,这个语句会等待用户输入,直到用户在键盘键入一个整数。为此,在一般情况下,当需要用户有任何操作的时候,程序都需要给用户提示。第 11 行在屏幕上输出"请输入一个整数:"就是提示用户在键盘输入一个整数,这样程序和用户之间的交互性会更好。

代码 3.1 的运行结果(在提示语之后分别输入 3 和 5,就会输出 15):

请输入一个整数:

3

请再输入一个整数:

5

3 * 5 = 15

顺序结构的语法总结:程序在总体上都是按语句的顺序执行的,只会在局部发生非顺序的执行。

3.2 分支结构

让我们从下面的编程做起,体会分支结构的流程。

【例3.2】 需求:从键盘输入身高和体重,如果体重大于"(身高-100)×0.9",就显示"为了健康,请注意体重",如图1.3.2所示。

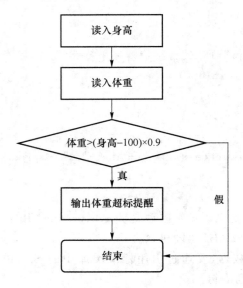

图1.3.2 例3.2图

【代码3.2】
```
1  package test3;
2
3  import java.util.Scanner;
4
5  public class Test3_2 {
6
7      public static void main(String[] args) {
8          double height,weight;
9          Scanner reader = new Scanner(System.in);
10
11         System.out.print("请输入身高:");
12         height = reader.nextDouble();
13
14         System.out.print("请输入体重:");
15         weight = reader.nextDouble();
16         //if 分支语句,当小括号中表达式为 true,就执行后面大括号中的内容
17         if(weight > (height - 100) * 0.9)
18         {
19             System.out.println("为了健康,请注意体重");
20         }
21     }
22 }
```

注意 if 分支语句的语法规定：if 是关键字，if 后面的逻辑表达式要写在小括号中。如果条件为真，则执行后面的语句体；如果条件为假，则后面的语句体不执行。后面的语句体需要写在一对大括号中，如果语句体只有一个语句，也可以不写大括号，但是，在一般情况下，不管语句体中有多少条语句，都要写在一对大括号中。

【例 3.3】 需求：从键盘输入年龄，如果大于或等于 18 岁，就显示"成年人，要自重！"，否则，就显示"小朋友，长大你就知道啦！"，如图 1.3.3 所示。

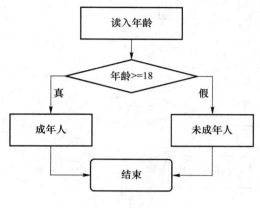

图 1.3.3 例 3.3 图

【代码 3.3】

```
1  package test3;
2
3  import java.util.Scanner;
4
5  public class Test3_3 {
6
7      public static void main(String[] args) {
8          int age;
9          Scanner reader = new Scanner(System.in);
10
11         System.out.println("请输入年龄：");
12         age = reader.nextInt();
13         if(age >= 18){
14             System.out.println("成年人，要自重！");
15         }
16         else{
17             System.out.println("小朋友，长大你就知道啦！");
18         }
19     }
20 }
```

代码 3.3

if-else 两分支语句的语义是根据条件的真假进行两分支选择，例如，在代码 3.3 中，if 和

else 是关键字,在第 13 行中,如果小括号中的条件为真,则执行第 13 行条件之后的语句体,如果条件为假,则执行第 16 行 else 后面的语句体。

【例 3.4】 需求:从键盘输入获奖等级,如果是一等奖,就显示"奖励 MacBook";如果是二等奖,就显示"奖励 ssd 固体硬盘";如果是三等奖,就显示"奖励 U 盘";如果是其他输入,就显示"没有这个等级",如图 1.3.4 所示。

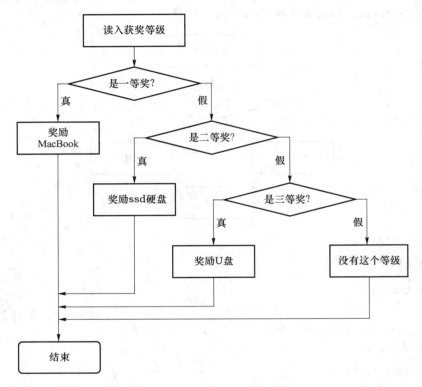

图 1.3.4　例 3.4 图

【代码 3.4】

代码 3.4

```
1   package test3;
2
3   import java.util.Scanner;
4
5   public class Test3_4 {
6
7       public static void main(String[] args) {
8           int grade;
9           Scanner reader = new Scanner(System.in);
10
11          System.out.print("请输入获奖等级(整数形式):");
12          grade = reader.nextInt();
13
14          if(grade == 1){
```

```
15              System.out.print("奖励 MacBook");
16          }else if (grade == 2) {
17              System.out.print("奖励 ssd 固体硬盘");
18          }else if (grade == 3) {
19              System.out.print("奖励 U 盘");
20          }else {
21              System.out.print("没有这个等级");
22          }
23      }
24  }
```

if-else 是一种两分支的语句,对于多个分支的情况,需要多个 if-else 的嵌套来实现。有一种多分支语句更加适合处理多分支情况,见例 3.5。

【例 3.5】 将例 3.4 的需求用多分支语句实现,如图 1.3.5 所示。

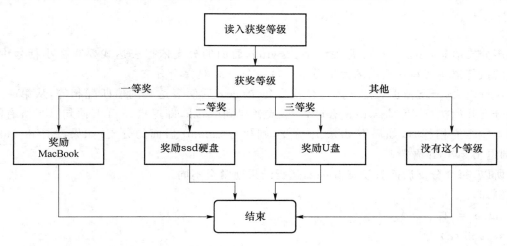

图 1.3.5 例 3.5 图

【代码 3.5】

```
1   package test3;
2
3   import java.util.Scanner;
4
5   public class Test3_5 {
6
7       public static void main(String[] args) {
8           int grade;
9           Scanner reader = new Scanner(System.in);
10
11          System.out.print("请输入获奖等级(整数形式):");
12          grade = reader.nextInt();
13          //多分支语句 switch
```

```
14            switch (grade) {        //根据获奖的等级 grade 进入不同的分支
15                case 1:
16                    System.out.print("奖励 MacBook");
17                    break;                    //退出 switch 语句
18                case 2:
19                    System.out.print("奖励 ssd 固体硬盘");
20                    break;
21                case 3:
22                    System.out.print("奖励 U 盘");
23                    break;
24                default:
25                    System.out.print("没有这个等级");
26            }
27        }
28    }
```

多分支语句：switch-case 是关键字。switch 后面的分支依据表达式要写在小括号中，多分支的执行语句要写在后面的大括号中。每一个 case 是一个分支。

执行语义：分支依据表达式的值依次和每个 case 后面表达式的值匹配相等，从第一个相等的分支开始执行，直到 switch 语句结束，或者遇到 break，即退出 switch 语句。当所有的分支都不能匹配相等时，如果有 default 分支，则执行 default 后面的分支；如果没有 default 分支，则退出 switch 语句。

所以，每个分支后面有没有 break，运行结果通常会不同。

例如，
```
int a = 2;
switch (a) {
case 1:
    System.out.print("1");
case 2:
    System.out.print("2");
case 3:
    System.out.print("3");
    break;
case 4:
    System.out.print("3");
    break;
}
```
对于以上程序片段，执行 switch 语句之后，输出结果为
23

【例 3.6】 需求：从键盘输入成绩，如果输入 90～100，则显示"一等奖"；如果输入 80～90，则显示"二等奖"；如果输入 70～80，则显示"三等奖"；如果输入 60～70，则显示"鼓励奖"；

输入小于60,显示"小朋友要加油!"。

分析:学生的分数是浮点类型,一共有 5 种分支,如果用 switch 语句来实现的话,要注意 switch 语句的语法规定,即 switch 后面小括号中的分支依据只能是整型、字符型、字符串,不能是其他类型。

学生的分数是浮点类型,不能直接放在 switch 后面。可以考虑将学生的分数转换为整型,因为分数的个位数和小数位与获奖等级是无关的,所以可将分数的个位和小数位去掉。通过将分数强制类型转换为整型,就可以去掉小数位,得到一个整数。然后将这个整数降以 10,可将原来的分数去掉个位数。

【代码 3.6】

```java
package test3;

import java.util.Scanner;

public class Test3_6 {

    public static void main(String[] args) {
        double score;
        Scanner reader = new Scanner(System.in);

        System.out.print("请输入成绩:");
        score = reader.nextDouble();
        //score 强制类型转换为整型,除以 10,得到的商是百位和十位。
        //因为 score 的个位和小数位与分数等级无关
        switch ((int) score / 10) {
        case 10:
        case 9:
            System.out.println("一等奖");
            break;
        case 8:
            System.out.println("二等奖");
            break;
        case 7:
            System.out.println("三等奖");
            break;
        case 6:
            System.out.println("鼓励奖");
            break;
        default:
            System.out.println("小朋友要加油!");
        }
```

代码 3.6

```
32      }
33 }
```

【例 3.7】 需求:编写一个简易计算器,从键盘输入两个浮点数,再输入一个运算符号(输入＋、－、＊、/ 四种中的一种,如果输入其他运算符号,则输出"错误的运算符号"),然后输出运算表达式和结果,如图 1.3.6 所示。

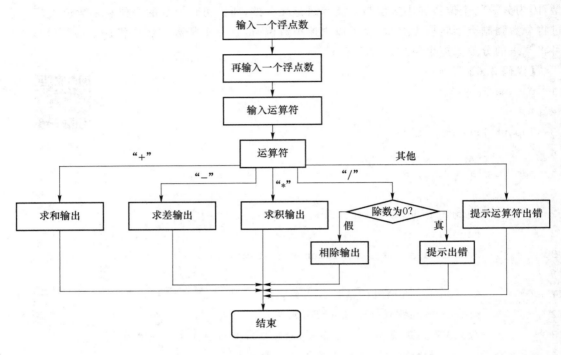

图 1.3.6 例 3.7 图

【代码 3.7】

代码 3.7

```
1  package test3;
2
3  import java.util.Scanner;
4
5  public class Test3_7 {
6
7      public static void main(String[] args) {
8          double a,b;
9          String op;
10         Scanner reader = new Scanner(System.in);
11
12         System.out.print("请输入一个浮点数:");
13         a = reader.nextDouble();
14
15         System.out.print("请再输入一个浮点数:");
16         b = reader.nextDouble();
```

```
17
18          System.out.print("请运算符( + - * /):");
19          op = reader.next();
20
21          switch (op) {
22          case "+":
23              System.out.println(a + op + b + "=" + (a + b));break;
24          case "-":
25              System.out.println(a + op + b + "=" + (a - b));break;
26          case "*":
27              System.out.println(a + op + b + "=" + (a * b));break;
28          case "/":
29              if(b != 0){    //除数不为 0
30                  System.out.println(a + op + b + "=" + (a / b));
31              }
32              else{   //除数为 0
33                  System.out.println("除数不能为 0!");
34              }
35              break;
36          default:
37              System.out.println("不允许的运算符!");
38          }
39      }
40  }
```

分支结构的语法总结如下。

(1) if 语句

```
if(布尔表达式)
{
    //如果布尔表达式为 true 将执行的语句
}
```

如果布尔表达式的值为 true,则执行布尔表达式后的代码块,否则不执行布尔表达式后的代码块。

(2) if-else 语句

```
if(布尔表达式){
    //如果布尔表达式的值为 true 将执行的语句
}else{
    //如果布尔表达式的值为 false 将执行的语句
}
```

如果布尔表达式的值为 true,则执行布尔表达式后的代码块,否则执行 else 后的代码块。

(3) 多层嵌套 if-else 语句

```
if(布尔表达式 1){
```

```
        //如果布尔表达式 1 的值为 true 将执行的语句
}else if(布尔表达式 2){
        //如果布尔表达式 2 的值为 true 将执行的语句
}else if(布尔表达式 3){
        //如果布尔表达式 3 的值为 true 将执行的语句
}else {
        //如果以上布尔表达式都不为 true 将执行的语句
}
```

如果布尔表达式 1 的值为 true,则执行布尔表达式 1 后的代码块,否则,如果布尔表达式 2 的值为 true,则执行布尔表达式 2 后的代码块,…,如果以上布尔表达式都不为 true,则执行 else 后的代码块。

一旦其中一个 if 语句检测为 true,则执行此分支,其他的 else if 以及 else 分支都将被跳过不执行。if 语句可以有若干个 else if,else 在所有的 else if 语句之后。

每个 else 跟前面离的最近的 if 匹配,见代码片段 1。

【代码片段 1】

```
1   int a = 2,b = 0;
2   if(a > 1)
3   if(a < 1) b = 1;
4   else b = 2;
5   System.out.println(b);
```

第 4 行中的 else 应该和前面最近的第 3 行的 if 匹配,所以第 5 行输出的 b 的值是 2。当然,我们不应该写出这样可读性不高的代码,应该根据需要改写为代码片段 2 和代码片段 3。

【代码片段 2】

```
1   int a = 2,b = 0;
2   if(a > 1) {
3       if(a < 1) b = 1;
4       else b = 2;
5   }
6   System.out.println(b);    //输出 2
```

【代码片段 3】

```
1   int a = 2,b = 0;
2   if(a > 1) {
3       if(a < 1) b = 1;
4   }
5   else b = 2;
6   System.out.println(b);//输出 0
```

(4) switch 语句

```
switch(表达式){
    case 值 1:
```

```
        //语句
        break；//可选
    case 值 2：
        //语句
        break；//可选
        //可以有任意数量的 case 分支
    default：//可选
        //语句
}
```

先为 switch 后面的表达式求值,然后依次跟每个 case 后面的值作相等比较,从第一个匹配的 case 分支开始向下执行,直到语句结束或者遇到 break 退出 switch 语句。

switch 可以有可选的 default 分支在所有 case 分支之后,当 switch 后面的表达式和所有的 case 后面的值都不相等的时候,即执行 default 分支。

switch 后面的表达式类型可以是 byte、short、int 、char 或者字符串类型。case 后面必须是常量值。

在一般情况下,每个分支都由 break 结束,使得每个分支执行结束后就跳出 switch 语句,在特殊的情况下,分支不以 break 结束,则此分支会继续向下执行,直到 switch 语句结束,或者在遇到 break 后跳出 switch 语句。

3.3 循环结构

让我们从下面的编程做起,体会循环结构的流程。

【例 3.8】 需求:输出从 1 累加到 10 的累加和。

分析:需要有一个变量 sum,保存每次累加的结果,初值为 0;需要有一个变量 i,保存每次累加的那个加数,初值为 1。只要加数 i 不超过 10,就循环执行:加数累加入 sum 时,加数 i 自增 1。当循环退出时,sum 中保存的就是从 1 累加到 10 的累加和。

做法 1 的流程如图 1.3.7 所示。

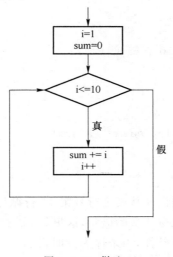

图 1.3.7 做法 1

【代码 3.8.1】 做法 1

代码 3.8.1

```java
package test3;

public class Test3_8_1 {

    public static void main(String[] args) {
        int i = 1, sum = 0;

        while(i <= 10){
            sum = sum + i;
            i++;
        }

        System.out.println("sum = " + sum);
    }
}
```

第 8 行是循环语句 while,控制语句从第 8 行到第 11 行循环执行,每次都先判断 i<=10 是否为真,如果为真,则执行一遍下面的循环体。一直循环,直到 i<=10 为假时,退出循环,执行循环语句后面的第 13 行语句。

while 语句后面的循环条件必须写在小括号中,对于后面的循环体,如果语句多于一条,则必须写在大括号中。

【代码 3.8.2】 做法 2

代码 3.8.2

```java
package test3;

public class Test3_8_2 {

    public static void main(String[] args) {
        int i, sum = 0;

        for(i = 1; i <= 10; i++)
        {
            sum += i;
        }
        System.out.println("sum = " + sum);
    }
}
```

第 8 行是循环语句 for,控制语句从第 8 行到第 11 行循环执行。在 for 后面的小括号中,第一个分号前面是循环之前只执行一次的语句,这里是 i 赋初值为 1;两个分号之间的 i<=10 是在每次循环之前要判断的循环条件,当条件为真时,执行一遍下面的循环体;第二个分号之

后的i++是每次执行完一遍循环体后就执行一次的内容,这里是i自增1。第9行到第11行就是循环体。

for后面一定需要有一对小括号,小括号中必须有两个分号,这两个分号将小括号中的语句分隔为三部分:第一部分是循环之前只执行一次的语句,一般用于赋初值;第二部分是每次首先要进行的逻辑判断条件,当条件为真时,就执行一次循环体,直到条件为假,退出循环;第三部分是每次执行一次循环体后都要执行一次的语句,一般用于循环变量的递增(或者递减)。

做法3的流程如图1.3.8所示。

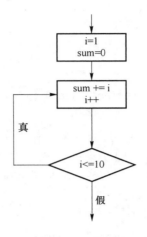

图1.3.8 做法3

【代码3.8.3】 做法3

```
1  package test3;
2
3  public class Test3_8_3 {
4
5      public static void main(String[] args) {
6          int i = 1,sum = 0;
7          do{    //第一次首先执行一遍下面的循环体
8              sum += i;
9              i++;
10         }while(i <= 10);   //如果i <= 10为真,则再执行一遍循环体;如果
11                            //i <= 10为假,就不再执行循环体,循环结束。
                              //执行循环语句的下一句
12         System.out.println("sum = " + sum);
13     }
14 }
```

代码3.8.3

第7行是循环语句do-while,do后面大括号中的是循环体,首先执行一遍循环体,然后判断while后面小括号中的条件(第10行中的i<=10),如果条件为真,则再执行一遍循环体,如此循环,直到条件为假,退出循环。

do-while循环是第一次不判断循环条件,在循环体首先执行一次后再判断循环条件,如果条件为真,则执行一次循环体,直到循环条件为假,退出循环。do-while 循环的循环体至少会被执行一次。

【例 3.9】 需求:求 1-2+3-4+5-6+…-10 的结果。

分析:"1-2+3-4+5-6+…-10"可以看作是 1 到 10 的累加,只是每一项都乘以一个符号位,每一项的符号位是前一项的符号位变反(乘以-1)。符号位的初值是-1,这样首次变反之后是+1,也就是第一项的符号位为+1。

【代码 3.9】

```
1   package test3;
2
3   public class Test3_9 {
4
5       public static void main(String[] args) {
6           int i,sum = 0;
7           int sign = -1;          //每一项的符号位,初值为-1
8           for(i = 1;i <= 10;i ++){
9               sign *= (-1);       //每一项符号位都是前一项符号位变反
10              sum += sign * i;
11          }
12          System.out.println("sum = " + sum);
13      }
14  }
```

代码 3.9

【例 3.10】 需求:输入一个正整数,求这个整数的各位数字之和。

分析:当一个整数的位数不确定的时候,怎样取到它的每一位数字?需要设计统一的算法,要求算法对任意位数的整数都适用。任意位数的整数除以 10 的余数一定是个位数字,这样就可取到个位数字;任意位数的整数除以 10 的商,就去掉了个位数字,如 256/10 等于 25。不断循环这两步,就可以依次取到个位,十位,百位,…。

【代码 3.10】

```
1   package test3;
2
3   import java.util.Scanner;
4
5   public class Test3_10 {
6
7       public static void main(String[] args) {
8           int n,sum = 0;   //sum 是各位数字的累加和,初值为 0
9           Scanner reader = new Scanner(System.in);
10          System.out.println("请输入一个整数:");
11          n = reader.nextInt();
12
13          while(n != 0){          //循环,直到 n 为 0 为止
```

代码 3.10

```
14              sum += n%10;     //取得个位,累加入sum
15              n = n/10;        //将n去掉个位数字
16          }
17
18          System.out.println("sum = " + sum);
19      }
20  }
```

【例3.11】 需求:输出九九乘法表(如图1.3.9所示)。

```
1*1=1
2*1=2   2*2=4
3*1=3   3*2=6   3*3=9
4*1=4   4*2=8   4*3=12  4*4=16
5*1=5   5*2=10  5*3=15  5*4=20  5*5=25
6*1=6   6*2=12  6*3=18  6*4=24  6*5=30  6*6=36
7*1=7   7*2=14  7*3=21  7*4=28  7*5=35  7*6=42  7*7=49
8*1=8   8*2=16  8*3=24  8*4=32  8*5=40  8*6=48  8*7=56  8*8=64
9*1=9   9*2=18  9*3=27  9*4=36  9*5=45  9*6=54  9*7=63  9*8=72  9*9=81
```

图1.3.9 九九乘法表

分析:观察九九乘法表的规律,它一共有9行,每一行的每个算式乘号左边的数字都相同,分别是行号(从1到9);每一行的每个算式乘号右边的数字可以看作列号,总是从1循环到行号。

【代码3.11】
```
1  package test3;
2
3  public class Test3_11 {
4
5      public static void main(String[] args) {
6          int m,n;
7          for(m = 1;m <= 9;m++){         //m指代行号,从1循环到9
8              for(n = 1;n <= m;n++){     //n指代列号,从1循环到行号
9                  System.out.print(m + " * " + n + " = " + m*n + "  ");
10             }
11             System.out.println();      //输出完一行之后,换行
12         }
13     }
14 }
```

代码3.11

【例3.12】 需求:求满足$n!$小于1000的最大的n。

分析:$n!$等于$(n-1)! \cdot n$,每次循环将前一项$(i-1)$的阶乘乘以i,就是i的阶乘。注意当阶乘超过1000而退出循环时,满足阶乘小于1000的i应该是$i-1$。

【代码3.12.1】
```
1  package test3;
2
3  public class Test3_12_1 {
```

代码3.12.1

```
4
5      public static void main(String[] args){
6          int i = 1,product = 1;
7          while(product < 1000){
8              i ++ ;
9              product *= i;
10         }
11
12         System.out.println( i - 1 );
13     }
14 }
```

也可以用另一种方法实现,在循环体中用 break 退出循环。

【代码 3.12.2】

```
1  package test3;
2
3  public class Test3_12_2 {
4
5      public static void main(String[] args){
6          int i = 1,product = 1;
7          while(true){
8              i ++ ;
9              product *= i;
10             if(product >= 1000) break;
11         }
12         System.out.println( i-1 );
13     }
14 }
```

【例 3.13】 需求:打印 100 以内的素数。

分析:最小的素数是 2,从 2 开始循环到 100,依次判断每个数是否是素数,如果是素数,就输出。

对于从 2 到 100 之间的任何一个数 i,要判断 i 是否是素数,需要依次用从 2 到 $i-1$ 之间的数去除以 i,如果全都没有除尽(退出循环的时候,除数和 i 相等),则说明 i 是素数;如果有任何一个除数除尽了,则说明 i 不是素数。

当然,根据素数的判断定理,要判断 i 是否素数,只需要用从 2 到 $\sqrt{i}$ 去除以 i,如果都没有除尽,那 i 就是素数,下面的程序没有利用这个定理。

【代码 3.13.1】 第一种方法

```
1  package test3;
2
3  public class Test3_13_1 {
```

代码 3.13

```
4
5       public static void main(String[] args) {
6           int i, j;
7           for (i = 2; i <= 100; i++) {
8               for (j = 2; j < i; j++) {
9                   if (i % j == 0)
10                      break; //退出第8行的循环,接续执行第12行
11              }
12              if (j == i) System.out.println(i);
13          }
14      }
15  }
```

第10行的break语句表示退出break语句所在的第3行的for循环。

【代码3.13.2】 第二种方法(用到continue语句)

```
1   package test3;
2
3   public class Test3_12_2 {
4
5       public static void main(String[] args) {
6           int i,j;
7           System.out.println(2);
8           for(i = 3;i <= 100;i++){
9               for(j = 2;j < i;j++){
10                  if(i%j == 0) break;
11              }
12              if(j < i) continue;    //如果j<i,说明有一个小于i的j已经除尽了
13                                     //i,则进入下次循环,不执行本次循环余下的语句
14              System.out.println(i);
15          }
16      }
17  }
```

continue语句表示结束本次循环,进入下一次循环。在代码3.13.2中,当执行到第12行的continue时,当次循环余下的第14行就不执行了,此时程序转至第8行,进入下一次循环。

循环结构的语法总结如下。

(1) while语句

```
while(布尔表达式){
   //循环体
}
```

先判断布尔表达式的值,如果值为true,则执行一遍循环体,循环以上步骤,直到布尔表达

式的值为 false 时,就不再执行循环体,退出循环,然后接下去执行后面的语句。

(2) do-while 语句

```
do {
    //循环体
}while(布尔表达式);
```

先执行一遍循环体,然后判断布尔表达式的值,如果值为 true,则再执行循环体一遍,循环以上步骤,直到布尔表达式的值为 false 时,就不再执行循环体,退出循环,然后接下去执行后面的语句。

do-while 与 while 的区别是 do-while 至少会执行一遍循环体。

(3) for 语句

```
for(初始化;布尔表达式;更新){
    //循环体
}
```

for 后的小括号中的语句由两个分号分为三部分:第一部分只在循环语句之前执行一次(一般是进行初始化);第二部分是布尔表达式,每次判断布尔表达式的值,如果值为 true,则执行循环体一遍,如果值为 false,则退出循环,接下去执行循环后面的语句;第三部分在每次执行完一遍循环体之后执行一次(一般是每次进行的更新)。因此 for 小括号中的三部分内容也可以改变位置。例如,求 1 累加到 10 的和的程序写法有如下三种。

写法 1:

```
int i ,sum = 0;
for(i = 0;i <= 10;i++){
    sum += i;
}
```

写法 2:

```
int i = 0,sum = 0;
for(;i <= 10;){
    sum += i;
    i++;
}
```

写法 3:

```
int i = 0,sum = 0;
for(;;){
    if(i > 10) break;
    sum += i;
    i++;
}
```

以上写法是等价的,不过写法 1 是 for 语句的常用写法,是比较紧凑的。当 for 小括号中的第一或者第三部分不只是一个语句时,多个语句要用逗号隔开。例如,

```
for(i = 0,j = 0; i <= 10; i++,j++){
//循环体
}
```

(4) break 语句

跳出 break 语句所在的 switch 语句或者循环语句。

(5) continue 语句

本次循环余下的语句被跳过,直接进入下次循环。

练 习

一、选择题

1. 下面程序运行结果是(　　)。
```
public class Test{
    public static void main(String[] args) {
        int result = 0, i = 2;
        switch (i) {
        case 1:
            result = result + i;
        case 2:
            result = result + i * 2;
        case 3:
            result = result + i * 3;
        }
    }
}
```
A. 0　　　　　　　B. 2　　　　　　　C. 4　　　　　　　D. 10

二、编程题

1. 从键盘输入一个月份,输出该月份的天数。

2. 输出 1 到 100 之间所有既能被 3 整除,又能被 7 整除的整数。

3. 在变量里保存一个整数,让用户来猜这个数是多少,当用户输入的数和这个数不相等的时候,就告诉他是猜大了还是猜小了,直到猜中为止。限制最多猜 5 次,超过 5 次后,就告诉他失败了。

4. 从键盘输入整数 n,计算并输出 1！+2！+3！+…+ n！的值(注意输入 n 不要太大,不然表达式的运算结果会越界,显示为负数。另外,可以思考如果越界可以怎么解决呢?)

5. 求出按照 1+3×3×3 + 5×5×5×5 + 7×7×7×7×7 + …这个规律的前 8 项之和。

6. 求 1+1/2+1/3+1/4+1/5 的和。

7. 从键盘输入整数 n，计算并输出 $1!-1/2!+1/3!-\cdots+(-1)^{n-1}/n!$ 的值。

8. 从键盘输入一个整数 n，判断该整数是否是完全数。完全数是指其所有因数（包括 1 但不包括其本身）的和等于该数本身的数。例如，$28=1+2+4+7+14$ 就是一个完全数。

9. 设有一长为 3 000 m 的绳子，每天减去一半，问需要几天时间，绳子的程度会短于 5 m。

10. 编程输出图 1.3.10 所示的数字图案。

```
1   3   6   10   15
2   5   9   14
4   8   13
7   12
11
```

图 1.3.10　数字图案

第4章 数组与字符串

通过定义变量,可以在内存开辟空间,保存数据。那么,当有批量的数据需要处理的时候,可以通过定义数组,一次性地开辟一批空间,对类型相同(或者相容)的一批变量进行处理。

请练习以下各个程序,注意被阴影标注的重点语句的语义,学习数组的定义和编程。

4.1 数　　组

【例 4.1】 需求:从键盘读入10个整数,输出这10个整数的和。

分析:对于本程序中的10个整数,要是分别定义10个不同的变量,那程序会是怎样的呢?如果有1 000个整数呢?这时肯定不能通过定义1 000个不同的变量来实现。你会发现,在这种批量数据的情况下,如果不用一种新的处理批量数据方法的话,程序的实现会变得很繁复。

【代码 4.1】

```
1  package test4;
2
3  import java.util.Scanner;
4
5  public class Test4_1 {
6
7      public static void main(String[] args) {
8          int i, sum = 0;
9          int[] arr = new int[10];       //定义长度为10的整型数组,数组名是arr
10         Scanner reader = new Scanner(System.in);
11
12         System.out.println("请输入10个整数:");
13         //i是数组的下标,下标的值从0到数组长度-1
14         //数组的长度,可以通过数组的length属性获得,比如 arr.length
15         for (i = 0; i < arr.length; i++) {
16             arr[i] = reader.nextInt();   //arr[i]是数组arr中下标为i的单元
17         }
18
19         for (i = 0; i < arr.length; i++) {   //数组的每个元素累加到sum
20             sum += arr[i];
21         }
22
```

代码 4.1

```
23              System.out.println("sum = " + sum);
24       }
25  }
```

数组用来存储批量的、数据类型相同的数据。

1. 一维数组

(1) 一维数组的定义

int[] arr = new int[10];   //或者 int arr[] = new int[10];

或者

int[]arr;   //声明 arr 是整形数组

arr = new int[10];   //开辟 10 个整数的连续内存空间,将空间的首地址保存在 arr 中

数组的概念 1

数组的概念 2

int 是数组中每个元素的类型,arr 是数组的名字,10 是数组的长度。

Java 数组的定义分为三步。

第一步,定义数组的引用空间。例如,代码 4.1 中第 9 行的"int[] arr;"这一句声明了整型数组 arr,开辟了内存空间,这个内存空间用来保存数组的首地址,在没有赋值之前,初值是随机数,这种内存空间称为"栈"空间。可以理解为:数组名指代的是数组的首地址。

第二步,用 new 开辟数组的实际对象空间,这里必须给出数组长度,如 new int[10]。用 new 开辟的内存空间在赋值之前是有默认初值的,初值由数组类型决定(整形是 0,浮点是 0.0,布尔类型是 false,引用类型是 null),这种用 new 开辟的内存空间称为"堆"空间。

第三步,将数组对象空间的首地址赋值给数组名所指代的引用空间。例如,"arr = new int[10]"表示将右边用 new 开辟的空间首地址赋值给 arr。

Java 数组在定义的时候开辟固定大小的内存空间,并且内存空间是连续的。在数组中,每个单元用数组名和下标来标识:数组名[下标]。下标是从 0 开始的自然数。Java 数组内存空间的分配如图 1.4.1 所示。

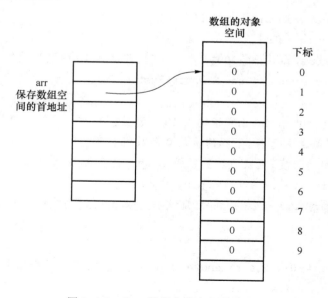

图 1.4.1 Java 数组内存空间的分配

数组有一个属性 length,length 表示是数组的长度。所以,数组 arr 的有效下标是从 0 到

arr.length-1。

【例 4.2】 需求:从键盘输入 10 个年龄,输出年龄的平均数,再输出大于平均年龄的有多少个。

【代码 4.2】

```java
1   package test4;
2
3   import java.util.Scanner;
4
5   public class Test4_2 {
6
7       public static void main(String[] args) {
8           int i,sum = 0,average,count = 0;//sum 是年龄总和,初值为 0;
9                                           //count 是高于平均数的个数,初值为 0
10          int age[] = new int[10];
11          Scanner reader = new Scanner(System.in);
12          System.out.println("请输入 10 个整数:");
13
14          for(i = 0;i<age.length;i++){
15              System.out.print("No." + (i+1) + ":");
16              age[i] = reader.nextInt();
17              sum += age[i];          //每个年龄累加入 sum
18          }
19          average = sum/age.length;    //求平均
20
21          for(i = 0;i<age.length;i++){
22              if(age[i] > average){
23                  count ++;
24              }
25          }
26          System.out.println("大于平均数的个数为:" + count);
27          System.out.println("average = " + average);
28      }
29  }
```

代码 4.2

注意,数组不可以整体操作,一次只能对数组的一个单元进行操作。例如,
int[] arr = new int[5];
arr = {1,2,3,4,5};   //编译错误,arr 指代的是数组首地址,不能这样整体赋值
System.out.println(arr);   //这句不会输出数组的内容,数组名指代的是数组空间的
                             //首地址,所以会输出一个内存地址

(2) 一维数组的初始化
数组可以用赋初值来定义:

```
int[] arr = {1,2,3,4,5};
//数组空间开辟的大小由初值决定,这里arr将开辟5个整数的连续空间,并赋初值为
//1,2,3,4,5
```

(3) 一维数组的操作

数组的每个单元是连续的,如果要在第i下标单元插入新单元,那么就要将从数组尾开始到下标i的元素依次后移,然后插入新单元;如果要删除第i下标的单元,那么就要从第$i+1$下标单元到数组尾,每个单元依次前移。

【例 4.3】 需求:进行数组插入删除练习,假设有数组10,20,5,30,40,50,请删除数组中下标为2的单元,然后在下标为3的单元位置插入新单元100。

【代码 4.3】

```
1   package test4;
2
3   public class Test4_3 {
4       public static void main(String[] args) {
5           int[] arr = {10,20,5,30,40,50};
6           int i;
7           int count = 6;   //实际单元的个数
8           System.out.println("删除之前的数组:");
9           for(i = 0;i<count;i++) {
10              System.out.println(arr[i]);
11          }
12
13          //删除下标为2的单元
14          System.out.println("删除下标为2的单元:");
15          for(i = 3;i<count;i++) {    //从要删除单元的后一个单元开始,循环向前赋值
16              arr[i-1] = arr[i];
17          }
18          count--; //实际单元的个数减1
19
20          System.out.println("删除之后的数组:");
21          for(i = 0;i<count;i++) {
22              System.out.println(arr[i]);
23          }
24
25          //在下标为3的位置插入100
26          System.out.println("在下标为3的位置插入100:");
27          for(i = count-1;i>=3;i--) { //从最后一个单元开始,依此向后赋值
28              arr[i+1] = arr[i];
29          }
30          arr[3] = 100;   //插入新单元
```

代码 4.3-1

代码 4.3-2

```
31              count++;        //实际单元的个数加1
32          System.out.println("插入之后的数组:");
33          for(i = 0;i < count;i++){
34              System.out.println(arr[i]);
35          }
36      }
37  }
```

【例 4.4】 需求:对无序的 10 个整数进行排序。

分析:将无序的 10 个整数存入一个数组。排序的经典算法有若干种,各种算法的性能有所不同,大家可以自行学习,这里介绍一种"冒泡排序"算法。

"冒泡排序"的算法思想如下。

对 n 个数进行排序,数组下标从 0 到 $n-1$。

① 从数组 0 下标开始,依此比较相邻的两个元素。如果前一个比后一个大,就交换这两个数,一直到数组结束。这个过程叫作"一趟",每走一趟,最大的元素就会来到最尾端。

② 去掉最尾端元素,再次从 0 下标元素开始,做和第 1 步同样的操作,循环 $n-1$ 趟。

例如,无序的 5 个整数用"冒泡排序"算法进行排序的过程如图 1.4.2 所示。

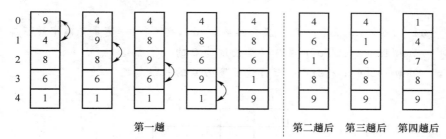

图 1.4.2 "冒泡排序"算法的过程演示

【代码 4.4】

```
1   package test4;
2   public class Test4_4 {
3       public static void main(String[] args) {
4           int[] arr = {6,3,8,2,9,1};
5           System.out.println("排序前数组为:");
6           for(int i = 0;i < arr.length;i++)
7               System.out.print(arr[i] + " ");
8           }
9           for(int i = 0;i < arr.length - 1;i++){//外层循环控制排序趟数
10              for(int j = 0;j < arr.length - 1 - i;j++){//内层循环控制每一趟比较
                                                        //的元素下标
11                  if(arr[j] > arr[j+1]){
12                      int temp = arr[j];
13                      arr[j] = arr[j+1];
```

```
14                    arr[j + 1] = temp;
15                }
16            }
17        }
18        System.out.println("\n 排序后的数组为:");
19        for(int i = 0;i < arr.length;i ++){
20            System.out.print(arr[i] + " ");
21        }
22    }
23 }
```

2. 二维数组

二维数组的定义:

int[][] arr = new int[2][3]; //2 行 3 列的二维数组

该程序表示开辟 6 个整数的连续空间,依次存储 arr[0][0]、arr[0][1]、arr[0][2]、arr[1][0]、arr[1][1]、arr[1][2]。

二维数组

二维数组可以看作若干个一维数组。Java 二维数组每一行的长度可以不同,如图 1.4.3 所示。

int[][] arr = new int[2][]; //定义二维数组 arr,有两行(一定是先确定最高维的长度)

arr[0] = new int[2]; //arr 第 0 行是长度为 2 的一维数组

arr[1] = new int[4]; //arr 第 1 行是长度为 4 的一维数组

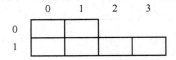

图 1.4.3 Java 二维数组的逻辑图

也可以通过赋初值定义二维数组:

int[][] arr = {{1,2},{1,2,3,4}};

初值将决定二维数组 arr 内存空间的分配,如图 1.4.4 所示。

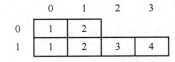

图 1.4.4 Java 二维数组赋初值

【例 4.5】 需求:打印 10 行杨辉三角形(如图 1.4.5 所示)。

杨辉三角形的规律:每一行的第一个和最后一个元素为 1,中间的各元素是上一行正对元素和前一元素之和。

分析:首先,观察到需要一个二维数组来存储元素,第 0 行有 1 个元素,第 1 行有 2 个元素,…,第 i 行就有 $i+1$ 个元素,需按照这个规律来开辟数组的空间。然后,按照杨辉三角形的规律给数组赋值。每一行的赋值规律:第 0 列赋值为 1;第 1 列到第 $i-1$ 列赋值为上一行两个元素之和;第 i 列元素赋值为 1。

```
                            1
                          1  1
                          1  2  1
                          1  3  3  1
                          1  4  6  4  1
                          1  5 10 10  5  1
                          1  6 15 20 15  6  1
                          1  7 21 35 35 21  7  1
                          1  8 28 56 70 56 28  8  1
                          1  9 36 84 126 126 84 36  9  1
```

图 1.4.5　杨辉三角形

【代码 4.5】

```
1   package test4;
2
3   public class Test4_4 {
4
5       public static void main(String[] args) {
6           int i,j;
7           int yang[][] = new int[10][]; //10 行,每行的长度不同
8           for(i = 0;i < yang.length;i++){
9               yang[i] = new int[i+1]; //第 i 行的长度是 i+1
10          }
11          for(i = 0;i < yang.length;i++){   //从第 0 行到第 9 行,循环逐行填入元素
12              yang[i][0] = 1;      //每行的第 0 个元素是 1
13
14              for(j = 1;j < i;j++){ //每行的第 j 个元素都是上一行对应的两个元素之和
15                  yang[i][j] = yang[i-1][j-1] + yang[i-1][j];
16              }
17
18              yang[i][i] = 1;   //每行的最后 1 个元素是 1。第 i 行的最后一个元素
                                   //的下标是 i
19          }
20          for(i = 0;i < yang.length;i++){
21              for(j = 0;j <= i;j++){
22                  System.out.print(yang[i][j] + " ");
23              }
```

```
24            System.out.println();
25        }
26    }
27 }
```

若把二维数组的每个数组元素看作是一个一维数组,那二维数组就可当作一维数组来处理。依此类推,可以推演出 n 维数组的处理方式,这里就不延展了。

3. foreach 语句

JDK5.0 之后,有一种新的 for 语句——foreach 语句,它可以不用下标对数组进行遍历。

```
int[] arr = {1,2,3,4,5};
for(int i:arr){
    System.out.println(i);
}
```

在 foreach 语句中,for 后面为"(数组元素类型 循环变量名:数组名)",在循环体中,循环变量就可以依次存储每个数组元素。foreach 语句只能用于数组的遍历,不能用于数组元素的重新赋值。

【例 4.6】 需求:找出一维数组中的最大值和次大值。

【代码 4.6】

```
1  package test4;
2  public class Test4_6 {
3
4      public static void main(String[] args) {
5          int[] arr = {11,32,3,224,5,89,10};
6          int max,sec;
7          max = arr[0]; //最大值 max,初值 arr[0]
8          sec = arr[0];   //次大值 sec,初值 arr[0]
9          for(int i:arr) {   //foreach 语句
10             if(i >= max) {
11                 sec = max;
12                 max = i;
13             }else if(i > sec) {
14                 sec = i;
15             }
16         }
17         System.out.println("最大:" + max + ",次大:" + sec);
18     }
19 }
```

【例 4.7】 需求：找出二维数组中的最大值和次大值。
【代码 4.7】
```
1   package test4;
2   public class Test4_7 {
3
4       public static void main(String[] args) {
5           int[][] arr = { { 11, 32, 3 }, { 224, 5, 89, 10 } };
6           int max, sec;
7           max = arr[0][0];
8           sec = arr[0][0];
9           for (int[] t : arr) {      //foreach 语句
10              for (int i : t) {
11                  if (i >= max) {
12                      sec = max;
13                      max = i;
14                  } else if (i > sec) {
15                      sec = i;
16                  }
17              }
18          }
19          System.out.println("最大：:" + max + ",次大:" + sec);
20      }
21  }
```

4. Arrays 类

Java 标准类库的 uitil 包中提供了 Arrays 类，用于对数组的操作。表 1.4.1 列出 Arrays 类中一些常用的方法。

表 1.4.1 Arrays 类的常用方法和描述

Arrays 类的常用方法	方法描述
public static boolean equals (X[] a1, X[] a2)	X 是任意数据类型。判断同类型的两个数组 a1 和 a2 中对应的元素值是否相等，若相等，则返回 true；否则，返回 false
public static void fill(X[] a, X val)	X 是任意数据类型。将指定的 val 值赋值给数组 a 的每个元素
public static void sort(X[] a)	X 是任意数据类型。对数组 a 根据其元素的自然顺序进行升序排列
public static int binarySearch(X[] a, X key)	在给定的升序数组 a 中用二分查找算法查找给定值 key，如果找到，则返回首次出现的下标；否则，返回负值

【代码 4.8】 Arrays 类的使用举例
```
1   package test4;
2   import java.util.Arrays;
3
4   public class test4_8 {
```

```
5
6      public static void main(String[] args) {
7          int[] arr = new int[10];
8          Arrays.fill(arr, 1);    //将数组 arr 中的每个元素填入 1
9
10         int[] brr = {11, 32, 3 ,224, 5, 89, 10};
11         int loc;
12         Arrays.sort(brr);   //将数组 brr 升序排序
13         loc = Arrays.binarySearch(brr,5);//在 brr 数组中查找元素 5 的下标
14
15         boolean result;
16         result = Arrays.equals(arr, brr);//比较数组 arr 和数组 brr,是否对应元素相等
17     }
18 }
```

4.2 字 符 串

字符串可以用字符数组来处理,如"char[] crr = {'h','e','l','l','o'};"。

标准类库提供了 String 类,包含很多常用的字符串处理函数。可以通过引用 String 类直接调用字符串处理函数。

1. String 类

【代码 4.9】 比较两个字符串的内容是否相同

```
1  package test4;
2
3  import java.util.Scanner;
4
5  public class Test4_9 {
6
7      public static void main(String[] args) {
8          Scanner reader = new Scanner(System.in);
9          String s1,s2;
10         System.out.println("请输入一个字符串:");
11         s1 = reader.nextLine();
12         System.out.println("请再输入一个字符串:");
13         s2 = reader.nextLine();
14
15         if(s1.equals(s2))System.out.println(s1 + "和" + s2 + "相同!");
16         else System.out.println(s1 + "和" + s2 + "不相同!");
17     }
18 }
```

【代码 4.10】 分别用 String 类的 equals( )方法和"=="来比较字符串

```
1  package test4;
2
3  public class Test4_10 {
4
5      public static void main(String[] args) {
6          String s1 = "hello";                    //创建字符串变量的方法一
7          String s2 = "hello";
8          String s3 = new String("hello");        //创建字符串变量的方法二
9          String s4 = new String("hello");
10
11         System.out.println(s1.equals(s2));      //比较两个字符串的内容
12         System.out.println(s1.equals(s3));      //比较两个字符串的内容
13         System.out.println(s3.equals(s4));      //比较两个字符串的内容
14
15         System.out.println(s1 == s2);           //比较两个字符串的首地址
16         System.out.println(s1 == s3);           //比较两个字符串的首地址
17         System.out.println(s3 == s4);           //比较两个字符串的首地址
18     }
19 }
```

代码 4.10 的运行结果如下：
true
true
true
true
false
false

语法说明：

(1) 字符串常量必须写在双引号中,双引号中的字符个数是不限制的,而字符常量必须写在单引号中,单引号中的字符个数只能是 1 个。

(2) String 类型的变量定义方法一如下：

String s1 = "hello";
String s2 = "hello";

内存分配见图 1.4.6。

写在双引号中的常量字符串存放在内存常量池中,同一个字符串只存储一个拷贝,不会重复存储。s1 和 s2 存放的是同一个"hello"的首地址,s1==s2 为真,"=="比较的是字符串的首地址;s1.equal(s2)为真,equals( )方法比较的是两个字符串的内容,equals( )方法是在 String 类中定义的。

(3) String 类型的变量定义方法二如下：

String s3 = new String("hello");

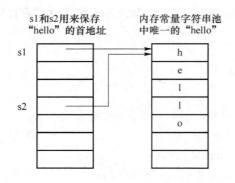

图 1.4.6 String 类对象的内存分配 1

String s4 = new String("hello");

内存分配见图 1.4.7。

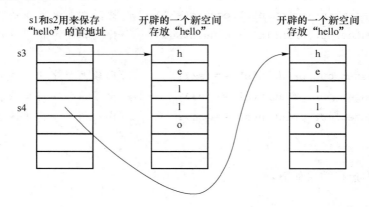

图 1.4.7 String 类对象的内存分配 2

每次用 new 创建一个新对象实际上是开辟一个新的内存空间,字符串对象名指代的是字符串对象的首地址。s3 == s4 为假,因为 s3 和 s4 中存放的首地址是不同的;s3.equals(s4) 为真,因为 s3 和 s4 中存放的字符串内容是相同的。

(4) 字符串的名字(如 s1、s2、s3、s4)本质上指代的是字符串的首地址,"=="比较的是字符串的首地址,equals()方法比较的是字符串的内容。

(5) String 类的对象一旦被重新赋值,就是一个新的字符串对象,原来的字符串对象将作为"垃圾"被系统回收,见图 1.4.8。如果字符串对象经常改变的话,用 String 类就不是很恰当,因为每个字符串对象都是重新创建的一个新的对象,这样会多次产生"垃圾",影响程序性能。当字符串经常改变时,用 StringBuffer 类或者 StringBuilder 类比较合适。

例如,对于如下两行语句,内存分配变化见图 1.4.8。

String s = "hello";
s = s + "world";

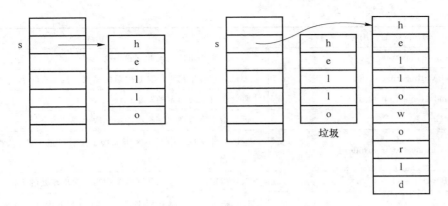

图 1.4.8 String 类对象的内存分配 3

【代码 4.11】 求一个字符串在另一个字符串中出现的次数

```
1  package test4;
2
3  public class Test4_11 {
4
5      public static void main(String[] args) {
6          String s1 = "123124125612";
4          String s2 = "12";
8
9          int start = 0;
10          int count = 0;
11
12          while(true){
13              start = s1.indexOf(s2, start);   //在 s1 中从下标 start 开始取到
                                                  //s2 的起始位置
14              if(start == -1) break;    //-1 代表 s1 中从下标 start 开始不存在 s2
15              start = start + s2.length();    //下次要开始查询的下标是这次的
                                                //起点加上 s2 的长度
16              count ++ ;
17          }
18          System.out.println(count);
19      }
20  }
```

表 1.4.2 列出 String 类的常用方法(如表 1.4.2 所示),请自行在编程中学习。

表 1.4.2 String 类的常用方法和描述

String 类的常用方法	方法描述
char charAt(int index)	返回指定下标 index 处的字符
int compareTo(String anotherString)	按字典顺序比较两个字符串

续表

String 类的常用方法	方法描述
String concat(String str)	将指定字符串连接到此字符串的结尾
boolean endsWith(String suffix)	测试此字符串是否以指定的后缀结束
boolean equals(Object anObject)	将此字符串与指定的对象比较
int indexOf(int ch)	返回指定字符在此字符串中第一次出现处的下标
int indexOf(int ch, int fromIndex)	返回在此字符串中第一次出现指定字符处的下标,从指定的下标开始搜索
int indexOf(String str)	返回指定子字符串在此字符串中第一次出现处的下标
int indexOf(String str, int fromIndex)	返回指定子字符串在此字符串中第一次出现处的下标,从指定的下标开始
int lastIndexOf(int ch, int fromIndex)	返回指定字符在此字符串中最后一次出现处的下标,从指定的下标处开始进行反向搜索
int lastIndexOf(String str)	返回指定子字符串在此字符串中最右边出现处的下标
int lastIndexOf(String str, int fromIndex)	返回指定子字符串在此字符串中最后一次出现处的下标,从指定的下标开始反向搜索
int length()	返回此字符串的长度
String replace(char oldChar, char newChar)	返回一个新的字符串,它是通过用 newChar 替换此字符串中出现的所有 oldChar 得到的
String[] split(String regex)	根据给定正则表达式的匹配拆分此字符串
boolean startsWith(String prefix)	测试此字符串是否以指定的前缀开始
boolean startsWith(String prefix, int toffset)	测试此字符串从指定下标开始的子字符串是否以指定前缀开始
String substring(int beginIndex)	返回一个新的字符串,它是此字符串的一个子字符串
String substring(int beginIndex, int endIndex)	返回一个新字符串,它是此字符串的一个子字符串
String toLowerCase()	将此 String 中的所有字符都转换为小写
String toUpperCase()	将此 String 中的所有字符都转换为大写
String trim()	返回字符串的副本,忽略前导空白和尾部空白

2. StringBuffer 类和 StringBuilder 类

和 String 类不同的是,StringBuffer 类和 StringBuilder 类的对象能够被多次的修改,且不会产生新的对象,见图 1.4.9。

StringBuilder 类和 StringBuffer 类之间的最大不同在于,StringBuffer 类适用于多道线程同时改变同一个字符串的情况,具有"线程安全性"。如果不是在多道线程的情况下或者没有"线程安全"的要求,用 StringBuilder 类比较合适,速度比较快。(有关线程安全的概念,可参见第 12 章或自行搜索。)

例如,对于如下两行语句,StringBuffer 类对象的内存分配变化见图 1.4.9。

StringBuffer s = new StringBuffer("hello");
s.append("world");   //在字符串原有内容后面串接"world"

StringBuffer 类除了包含和 String 类中相似的方法外,还有一些其他的方法,下面列出 StringBuffer 类的一些常用方法(如表 1.4.3 所示),请自行在编程中学习。

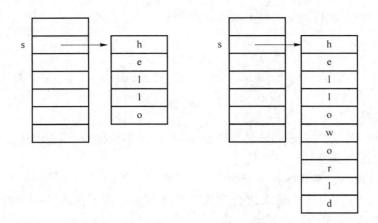

图 1.4.9　StringBuffer 类对象的内存分配

表 1.4.3　**StringBuffer 类的常用方法和描述**

StringBuffer 类的常用方法	方法描述
public StringBuffer append(String s)	将指定的字符串追加到此字符序列
public StringBuffer reverse()	将此字符序列用其反转形式取代
public delete(int start, int end)	移除此序列的子字符串中的字符
public insert(int offset, int i)	将 int 参数的字符串表示形式插入此序列中
replace(int start, int end, String str)	使用给定 String 中的字符替换此序列的子字符串中的字符

练　　习

一、选择题

1. 假设有以下代码：
```
String s = "hello";
String t = "hello";
charc[] = {'h','e','l','l','o'};
```
下列选项中返回 false 的语句是(　　)。

A. s.equals(t);　　　　　　　　　　　B. t.equals(c);
C. s==t;　　　　　　　　　　　　　D. t.equals(new String("hello"));

2. 下列程序的运行结果是(　　)。
```
public class M {
    public static void main(String args[]) {
        String a = "1234";
        String b = "1234";
        String c = new String("1234");
        System.out.println(a == b);
        System.out.println(a == c);
```

```
        System.out.println(a.equals(c));
    }
}
```

A. true   B. true   C. true   D. true
   false   true   false   true
   true   false   false   true

3. 在 Java 中,关于 StringBuilder 类和 StringBuffer 类的区别,下面说法错误的是(　　)。

A. StringBuffer 类是线程安全的

B. StringBuilder 类是非线程安全的

C. StringBuffer 类对 String 类进行改变的时候其实等同于生成了一个新的 String 类对象,并将指针指向新的 String 类对象

D. 效率比较:String＜StringBuffer＜StringBuilder,但是在 String S1 = "This is only a" + "simple" + " test"时,String 类的效率最高

二、编程题

1. 从键盘输入 n 个数,求这 n 个数中的最大值和最小值并输出。

2. 求一个 3 阶方阵对角线上的元素之和。

3. 找出 4×5 矩阵中的最大值和最小值,分别输出它们的值和所在的行号、列号。

4. 产生 0～100 之间的 8 个随机整数,并利用"冒泡排序"算法进行升序排序,然后将排序之后的数组输出。

5. 15 个红球和 15 个绿球排成一圈,从第 1 个开始数,当数到第 13 个球时就拿出此球,然后再从下一个球开始数,当再数到 13 个球时又取出此球,如此循环进行,直到仅剩 15 个球为止,问怎样的排法才能使每次取出的球都是红球。

6. 从键盘输入一个字符串 str,并输入要取的子串的开始位置 start 与长度 len,然后输出 str 中从 start 开始长度为 len 的子串。

7. 编程统计用户从键盘输入的字符串中所包含的字母、数字和其他字符的个数。

8. 自行拓展:编写测试程序,了解 String 类的常用方法和功能。

9. 自行拓展:编写测试程序,了解 StringBuffer 类和 StringBuilder 类的常用方法和功能。

第 5 章　函数(方法)

当前,在我们写的程序主类中都只有一个函数——main()函数,所有的执行内容都写在 main()函数中。但是,当程序功能比较复杂,代码比较长的时候,代码的可读性就会降低,或者有些功能需要重复执行,或者在代码需要多人分工等情况下,就需要对代码进行模块划分。程序模块化首先就是要划分函数。

5.1　函数的概念和使用

让我们通过编程来认识函数。

【例 5.1】　需求:写一个函数,每次调用的时候都可以打印 20 个星号。

【代码 5.1】

```
1  package test5;
2
3  public class Test5_1 {
4
5      public static void main(String[] args) {
6          System.out.println("main()函数开始");
7          Function1 f = new Function1();//要调用 Function1 类中的 go()函数,
8                                //需要先创建类的实例,f 是实例名
9          f.go(); //函数调用。将 go()函数执行一遍之后,返回这里继续下去
10         System.out.println("main 函数结束");
11     }
12
13     public void go(){ //函数定义。函数名 go 的前面是返回值类型,
14                     //void 是空类型,代表没有返回值
15         System.out.println("go()函数开始");
16         for(int i = 0;i < 20;i ++){
17             System.out.print(" * ");
18         }
19         System.out.println(); //换行
20         System.out.println("go()函数结束");
21     }
22 }
```

代码 5.1 的运行结果:

main()函数开始

go()函数开始

****

go()函数结束

main()函数结束

代码5.1程序的执行过程如图1.5.1所示。

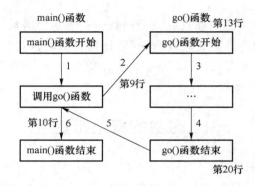

图1.5.1 代码5.1函数调用执行过程的示意图

【例5.2】 需求：写一个函数，可以按照调用者要求的个数打印若干个星星。

【代码5.2】

```
1   package test5;
2
3   public class Test5_2 {
4
5       public static void main(String[] args) {
6           Function2 f = new Function2();
7           f.go(30);        //函数调用。实际参数为30
8                            //先将30赋值给形参n,然后将go()函数内容执行一遍
9       }
10
    public void go(int n){    //函数定义。形式参数n代表的是要打印的星号的个数
11          for(int i = 0;i < n;i ++ ){
12              System.out.print(" * ");
13          }
14      }
15  }
```

代码5.2的运行结果：

****

代码5.2程序的执行过程如图1.5.2所示。

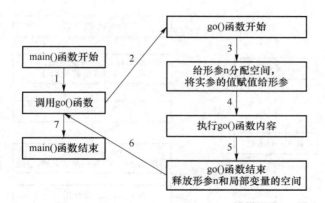

图 1.5.2 代码 5.2 函数调用执行过程的示意图

【例 5.3】 需求：写一个函数，每次调用该函数时，可以按照要求的个数和字符来打印分割线。

【代码 5.3】

```
1  package test5;
2
3  public class Test5_3 {
4
5      public static void main(String[] args) {
6          Function3 f = new Function3();
7          f.go(30,'-');    //函数调用。先将 30 赋值给形参 n,'-'赋值给形参 ch,
8                           //然后执行一遍 go()函数内容
9          f.go(10,'*');    //函数调用。先将 10 赋值给形参 n,'*'赋值给形参 ch,
10                          //然后执行一遍 go()函数内容
11     }
12
13     public void go(int n,char ch){  //函数定义
14         for(int i = 0;i < n;i ++){
15             System.out.print(ch);
16         }
17     }
18 }
```

代码 5.3 的运行结果：

****

代码 5.3 程序的执行过程如图 1.5.3 所示。

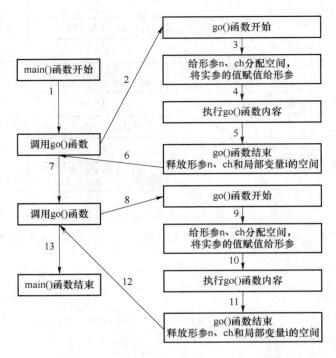

图 1.5.3　代码 5.3 函数调用执行过程的示意图

【例 5.4】　需求：写一个求两个数之和的函数，并在 main 函数中调用。
【代码 5.4】

```
1  package test5;
2
3  public class Test5_4 {
4
5      public static void main(String[] args) {
6          int s = 100,t = 250;
7          int sum;
8          Function4 f = new Function4();
9          sum = f.getSum(s, t); //函数调用。将实参 s、t 赋值给形参 a、b，执行一遍函数
10                               //getSum,得到 getSum 函数返回值,将返回值赋值给变量 sum
11         System.out.println("sum = " + sum);
12     }
13
14     public int getSum(int a,int b){ //函数定义。返回值类型是 int
15         int sum;
16         sum = a + b;
17         return sum; //返回 a + b 的和
18     }
19 }
```

代码 5.4

代码 5.4 的运行结果：
sum = 350
代码 5.4 程序的执行过程如图 1.5.4 所示。

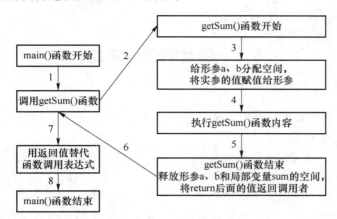

图 1.5.4　代码 5.4 函数调用执行过程的示意图

【例 5.5】　需求：写一个函数，接收传来的一个整形数组，求出此数组中各元素之和，将结果返回调用者。

【代码 5.5】

```
1  package test5;
2
3  public class Test5_5 {
4
5      public static void main(String[] args) {
6          Function5 f = new Function5();
7          int[] arr = {10,20,30,40};
8          int s = f.getSum(arr);      //实参传递数组名，即是传递数组首地址；
9                                       //得到的返回值赋值给 s
10         System.out.println("sum = " + s);
11     }
12
13     public int getSum(int[] brr){   //形参是数组类型，返回数组的和
14         int i;
15         int sum = 0;
16         for(i = 0;i < brr.length;i ++){
17             sum += brr[i];
18         }
19         return sum;
20     }
21 }
```

代码 5.5 的运行结果：

sum = 100

在代码5.5中,第8行将arr作为实参传递给第13行形参brr,实际上是将main()函数中的arr数组的首地址赋值给形参brr,所以arr和brr都指向同一个数组空间。这里并没有将arr数组的每个单元的值传递给brr。

5.2 函数的语法总结

1. 函数的定义

(1) 对于Java,函数必须在类中定义。
(2) 函数定义的格式如下:

函数返回值类型　函数名(形参列表){
　　　函数体
}

如果返回值类型是void(空),即没有返回值,则在函数体中不需要return语句;如果返回值类型不是void,则在函数体中要有return语句,return语句用来返回函数值。当执行函数的时候,若遇到return语句,则返回调用者,return之后的语句不再执行。

2. 函数的调用

(1) 要调用一个类中的函数,需要先创建类的对象,再用"对象名.函数名(实参列表)"来调用。

(2) 在同一个类中定义的若干个函数之间是可以直接互相调用的。但是main()函数是特殊的函数(有static修饰),假设当前类中有两个函数,分别是main()和go(),在main()函数中直接调用go()函数会导致编译错误,因为static函数只能调用static函数。如果在go()函数的定义头部加了static,那么在main函数中就可以直接调用go()函数。有关static的概念参见第16章或自行搜索。

(3) 如果函数有参数,在调用函数的时候,首先给形参分配空间,然后,将实参一一对应地赋值给形参,最后执行一遍被调用的函数,到函数结束或者遇到return语句即返回调用者。返回之前,释放所有的形参空间。

(4) 所有的应用程序执行都是从main()函数开始,在main()函数的最后一行结束。其他的函数都是在被调用的时候才会执行。

3. 局部变量

在每个函数中定义的变量(包括形参)都只在该函数被调用的时候,才分配空间而存在,当该函数调用结束,返回调用者时,所有该函数中的变量和形参均被释放空间而消失。在函数中定义的变量(包括形参)都称为局部变量。局部变量的有效范围只在当前函数中,这样可以保证内存空间及时得到释放,而且函数之间不存在因为变量同名而造成的冲突。

4. 函数的意义

把相对独立的功能定义为一个函数,可以实现程序的模块化,提高程序的可读性和可维护性;可以在需要的时候就调用,实现了定义一次,多次调用,避免了代码的重复。

练 习

一、选择题

1. 以下代码运行输出的是(   )。

```java
public class SendValue {
    public String str = "6";
    public static void main(String[] args) {
        SendValue sv = new SendValue();
        sv.change(sv.str);
        System.out.println(sv.str);
    }
    public void change(String str) {
        str = "10";
    }
}
```
A. 6   B. 10   C. 都不对   D. 16

2. 下列程序的运行结果是(   )。

```java
public class Test {
    boolean foo(char c) {
        System.out.print(c);
        return true;
    }
    public static void main(String[] argv) {
        Test t = new Test();
        t.go();
    }
    public void go() {
        int i = 0;
        for (foo('A'); foo('B') && (i < 2); foo('C')) {
            i++;
            foo('D');
        }
    }
}
```
程序的输出结果是(   )。

A. ABDCBDCB
B. ABCDABCD
C. Compilation fails.

D. 运行时抛出异常

二、编程题

1. 编写一个函数求 1～n 整数之和，函数原型为 long getSum(int n)。在 main() 函数中调用测试这个函数。

2. 编写一个函数判断某个整数是否素数，如果是，则返回值为 1；否则，返回值为 0。在 main() 函数中调用测试这个函数。

3. 在 main() 函数中从键盘输入 8 个整数，将这些整数传递给另一个函数进行排序，然后在 main() 函数中输出排序之后的结果。

4. 编写一个函数，函数原型为 void tower(int line , int type)，调用函数 tower() 会打印出如下的数字金字塔〔如图 1.5.5(a) 所示〕或者字母金字塔〔如图 1.5.5(b) 所示〕（其中，参数 line 代数打印的行数，type 代表金字塔的类型，1 代表打印数字金字塔，0 代表打印字母金字塔）。在 main() 函数中调用测试这个函数。

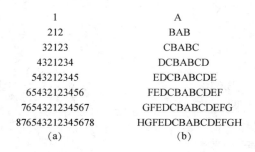

图 1.5.5 金字塔示意图

第6章 阶段编程练习

下面我们编写几个有图形界面和动画的程序,以更加有趣的形式将前面学到的内容进行运用。

Java 技术更多是用在后端编程,而不是前端界面,所以关于 Java 图形界面的实现方式,本书不作为单独的重点内容来讲解,这里,大家只需要能够实现程序的要求就可以了,当需要的时候再去学习更多的图形界面相关知识。

在本章中,会用到一些前面没有学过的 Java 内容,请在使用中先初步认识它们,后续章节中会系统介绍。

在图形界面中描绘-1

在图形界面中描绘-2

在图形界面中描绘-3

6.1 Stars(彩色星空)

1. Java 图形界面描绘的基本实现方法

Java 图形界面的实现主要是引用 java.awt 包和 javax.swing 包中的类。AWT 是基于本地操作系统的 C/C++程序,其运行速度比较快;Swing 是基于 AWT 的 Java 程序,其运行速度比较慢,但是对 AWT 的功能有很大的扩充,并且跨平台表现更好。在运行速度不是至关重要因素的桌面应用系统中,我们主要用 swing 包中的组件。

Java 图形界面简要的实现方法如下。

(1)创建一个顶层容器类的对象,用来容纳其他要呈现的组件。(最常用的作为顶层容器的类是 JFrame,它就是常见的窗口,见图 1.6.1。)

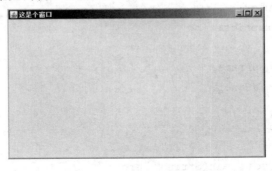

图 1.6.1 JFrame 对象的呈现效果

要呈现这样一个窗口,主要需要下面三步:
JFrame frame = new JFrame("这是个窗口");//创建 JFrame 的对象 frame
frame.setSize(500,300);//设置 frame 的大小,宽度 500 像素点,高度 300 像素点
frame.setVisible(true);//设置 frame 为可见

(2)如果要由若干个组件组合成程序的界面,那么就需要创建各个组件对象,然后加入窗口。例如,在窗口中加入两个按钮,见图 1.6.2(这种界面的代码实现,在第 8 章项目中用到的时候,我们再来学习)。

图 1.6.2　JFrame 对象中有两个按钮对象的呈现效果

当前程序的需求是在窗口中描绘出彩色的星星。在 Java 中,各种组件上都可以进行描绘。我们这里用 JPanel(面板)类来进行描绘。首先定义一个面板类,这个面板类是按照程序员的意愿"定制"描绘的,然后创建这个面板类的对象,将这个对象加入窗口。

自定义一个面板类时,要想让这个类具有"画布"的功能,并且可以添加窗口并将窗口呈现出来,需要用到类的继承技术,让自定义的面板类继承 JPanel 类(在定义类的头部加入 extends JPanel),这样自定义面板类就具有了父类 JPanel 的所有特征,见代码 6.1 的第 19 行。

自定义面板类除了继承 JPanel 类的特征外,还需要定制描绘的内容。按照应用编程接口,在面板类中描绘的内容必须写在方法 public void paint(Graphics g){}中,这是重写了父类的 paint()方法,方法头部的定义除了参数名 g 可以改变外,其他都不能改变。这个方法的参数 g 的类型是 Graphics,g 可以理解为面板类上用来描绘的"画笔"对象。所有和描绘相关的方法都来自 Graphics 类,见代码 6.1 的第 20 行。

当面板类对象加入窗口,并由窗口呈现出来的时候,窗口中的面板类就会自动调用 paint(),描绘出面板类中的内容。注意不要通过显式地调用 paint()方法来描绘面板类。

【代码 6.1】　图形描绘案例

```
1  package test6;
2
3  import java.awt.Color;
4  import java.awt.Graphics;
5
6  import javax.swing.JFrame;
7  import javax.swing.JPanel;
8
9  public class Test6_1 {
10
11     public static void main(String[] args) {
12         JFrame frame = new JFrame("描绘");
```

```
13          frame.setSize(700,500);
14          MyPanel panel = new MyPanel();  //创建 MyPanel 类的对象 panel
15          frame.add(panel);    //将 panel 加入窗口 frame
16          frame.setVisible(true);
17      }
18  }
19  class MyPanel extends JPanel{    //自定义 MyPanel 类,继承 JPanel 类
20      public void paint(Graphics g){    //所有要描绘的内容,都写在 paint()方法中,
21                                        //paint()方法的定义头部必须是这样的,
22                                        //参数 g 是在面板上描绘的"画笔"
23          g.setColor(Color.RED);        //将画笔设置为红色
24          g.fillRect(30, 50, 200, 300);//用画笔画出一个用红色填充的矩形,矩形
25                                        //的左上角坐标为(30,50),宽为 200,高为 300
26      }
27  }
```

在图形界面中,所有长度和坐标的默认单位是象素点。

底层类库已经实现了 JFrame、JPanel、Graphics 的功能,我们只需要按照应用编程接口(API),将自己写的代码和底层已经实现的部分结合在一起,就可以实现当前应用程序需要的功能。

按照应用编程接口引用类库中现成的类就可以实现复杂功能的软件,这就是程序员在开发软件时重要的工作方式。

2. 产生随机数的方法

在 Java 中产生随机数的一种方法是 Math.random(),它可产生大于或等于 0.0,小于 1.0 的随机数。

3. 设置颜色的方法

颜色可以用 RGB(红绿蓝)三原色的数值来合成,每种颜色是从 0 到 255 的一个整数。创建一种新的颜色,就是创建 Color 类的一个对象,例如,new Color(50,200,150)就是创建一种由红 50、绿 200、蓝 150 合成的颜色。

需求:在一个 1 024×768 的窗口中显示 300 个星星,每颗星星位置随机,颜色随机。

【代码 6.2】 "彩色星空"的参考源码

```
1   package test6;
2
3   import java.awt.*;
4   import javax.swing.*;
5
6   public class Test6_2 {
7
8       public static void main(String[] args) {
9           JFrame w = new JFrame();
10
11          w.setSize(1024, 768);
```

```
12          w.setBackground(Color.BLACK);
13
14          MyPanel mp = new MyPanel();    //创建 MyPanel 类的对象 mp
15          w.add(mp);                     //将 mp 加入 w 窗口
16
17          w.setVisible(true);
18      }
19  }
20
21  class MyPanel extends JPanel {   //自定义 MyPanel 类,继承 JPanel 类的特征
22      public void paint(Graphics g) {   //当面板对象被呈现的时候,会调用此方法
23          for (int i = 0; i < 300; i++) {
24              g.setColor(new Color((int)(Math.random() * 255), (int)(Math
25                  .random() * 255), (int)(Math.random() * 255)));//设置一种随
                                                                //机的颜色
26              g.drawString(" * ", (int)(Math.random() * 1024),
27                  (int)(Math.random() * 768));  //在面板的随机的坐标位置画出"*"
28          }
29      }
30  }
```

通过这个案例,可以体会到"类"可以理解为一种数据类型,定义类就是声明此类型的所有实例具有的特征,例如,代码 6.1 的第 21 行至第 30 行定义了 Mypanel 类。

对象就是某种类的实例,是实际占有内存空间的实体,例如,代码 6.1 的第 14 行定义了一个 MyPanel 类的对象 mp。对象 mp 具有 MyPanel 类的特征:mp 可以加入一个窗口对象 w(见代码 6.1 的第 15 行),并在窗口 w 呈现的时候,自动调用 MyPanel 的 paint()方法(见代码 6.1 的第 22 行),将 mp 呈现出来。

6.2 FallingBall(下落的小球)

1. 动画的基本原理

小球从上而下移动起来是若干张静态图片连续呈现的结果。每张图片中的小球位置都有少量的改变,图片连续呈现就出现了动画的效果,如图 1.6.3 所示。

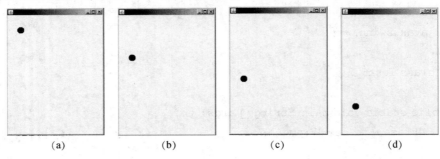

图 1.6.3 动画分解图

要达到动画效果,执行的基本流程如图 1.6.4 所示。

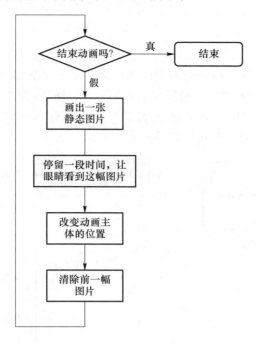

图 1.6.4　动画实现的基本流程

2. 面板的重绘

我们要在循环中不断地描绘面板,描绘面板是通过调用 paint()方法来实现的,但是不能显式地直接调用 paint()方法,需要通过调用 repaint()方法来调用 paint()方法,实现重绘。

3. 让当前的程序执行停留一段时间的方法

让当前的程序执行停留一段时间的方法如下:

Thread.sleep(以毫秒为单位的休眠时间)

对于调用 Thread 类中 sleep()方法的这个语句,Eclipse 可能会给出编译错误提醒,对此 Eclipse 给出了两种解决方法,如图 1.6.5 所示。

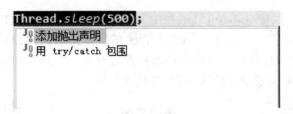

图 1.6.5　解决方法

Thread 类中的 sleep()方法在某种可能的情况下是会抛出异常的。Java 的语法规定,对于当前调用的方法,如果该方法定义了在某种情况下会抛出异常对象,则方法的调用者必须处理这个异常,否则,编译不通过(某些异常在没有处理的情况下,编译也可以通过,这里先忽略)。这里我们一般采用 Eclipse 给出的第二种方法来处理这个异常,用 try-catch 包围抛出异常的语句,这样编译就可以通过了。

```
try {
```

```
        Thread.sleep(500);
    } catch (InterruptedException e) {
        e.printStackTrace();
    }
```

这句的语义是,如果写在 try 语句块中的某一语句抛出了异常,那么 try 语句块中余下的语句就不再执行,被抛出的异常对象会抛给 catch 子句去捕获,如果 catch 后面小括号中声明的捕获对象类型可以捕获当前的异常对象,那么就转去执行 catch 后面大括号中的异常处理模块。Java 异常处理语句的基本流程如图 1.6.6 所示。

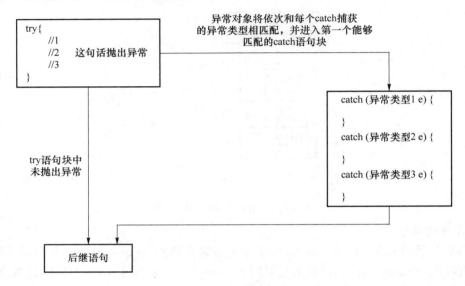

图 1.6.6　Java 异常处理语句的基本流程

异常的抛出和捕获是 Java 处理非正常情况的机制,第 7 章会介绍。

需求:在一个 300×400 的窗口中显示一个直径为 20 的小球,小球自动向下移动,当走出窗口下边缘的时候再从窗口上面重新出现,然后再自动下行。

分析:

根据底层的应用编程接口,paint() 函数中写入的语句是面板类的一次描绘,即我们看到的面板类中的内容是调用一次 paint() 函数之后的描绘效果。而动画效果是需要循环地调用 paint() 进行描绘和呈现的,这里动画的循环语句没有写在 paint() 函数中,我们在面板类中单独写了一个 go() 函数来实现动画的循环,参考代码如下。

代码 6.3-1　　　　　　　代码 6.3-2　　　　　　　代码 6.3-3

【代码 6.3】 "下落的小球"的参考代码

```
1  package test6;
2
```

```java
3   import java.awt.Color;
4   import java.awt.Graphics;
5
6   import javax.swing.JFrame;
7   import javax.swing.JPanel;
8
9   public class Test6_3 {
10
11      public static void main(String[] args) {
12          JFrame w = new JFrame();
13          w.setSize(300, 400);
14
15          BallPanel p = new BallPanel();
16          w.add(p);
17
18          w.setVisible(true);
19          p.go();         //调用 go()函数呈现动画循环
20      }
21  }
22
23  class BallPanel extends JPanel {
24      int x = 30;        //小球的坐标是改变的,需要x,y两个变量来保存
25      int y = 30;        //x,y是在paint()和go()函数中共享的
26
27      public void paint(Graphics g) {
28          g.setColor(Color.WHITE);//画笔设置为白色
29          g.fillRect(0, 0, this.getWidth(), this.getHeight());//用白色把整个面板填充,
30                                                              //实现抹掉面板中之前呈现
31                                                              //的内容
31          g.setColor(Color.BLACK);   //画笔设置为黑色
32          g.fillOval(x, y, 20, 20);  //填充一个椭圆,左上角坐标(x,y),横轴和纵轴
33                                     //都是20
33      }
34
35      public void go() {
36          while (true) {    //实现动画效果的循环
37              y++;          //改变小球的坐标
38              if (y > this.getHeight() - 20) {   //如果越出下边界,
                                                   //小球重新回到窗口的顶上
39                  y = 0;
```

```
40                }
41                repaint();          //重新描绘(实际是调用 paint()函数)
42                try {
43                    Thread.sleep(30);  //停留一段时间,让眼睛有足够时间看到当前的图片
44                                       //停留时间越短,动画越快
45                } catch (Exception e) {
46                }
47            }
48        }
49   }
```

注意:在面板类中,面板的宽度和高度不要用常量(如 300、400 等),而应该用 this.getWidth()和 this.getHeight()来取得。因为运行的时候,窗口是随时可以因为拉动而改变大小的,如果窗口的宽度和高度用了常量的话,就不能反映窗口的变化,那么,相关的执行效果就会出现错误。

拓展:请修改以上的程序,让小球碰到窗口下边缘的时候,改为向上移动,然后碰到窗口上边缘的时候,改为向下移动……

6.3 SpringingBall(弹动的小球)

需求:在一个 300×400 的窗口中显示一个直径为 20 的小球,小球自动斜向 45°移动,当撞到窗口任意一个边框的时候都反弹。

分析:仍旧依照上例中动画呈现的方法,在循环中完成改变坐标、重绘面板、停留 3 个步骤。需要考虑的是,小球改变坐标的方式是由小球的移动方向决定的,而小球有 4 种方向:左上、左下、右上、右下,这里需要有一个变量来记录当前小球的移动方向。当小球撞上窗口边框的时候,小球的移动方向会发生改变,而小球方向的变化是由两个因素决定的:小球撞上窗口边框之前的移动方向和小球撞上的是窗口 4 个边框中的哪一个。

代码 6.4-1   代码 6.4-2   代码 6.4-3

【代码 6.4】 "弹动的小球"的实现案例

```
1   package test6;
2
3   import java.awt.Color;
4   import java.awt.Graphics;
5
6   import javax.swing.JFrame;
7   import javax.swing.JPanel;
8
```

```java
 9  public class Test6_4 {
10
11      public static void main(String[] args) {
12          JFrame w = new JFrame();
13          w.setSize(300, 400);
14
15          BallPanel2 p = new BallPanel2();
16          w.add(p);
17
18          w.setVisible(true);
19          p.go();
20      }
21  }
22
23  class BallPanel2 extends JPanel {
24      int x = 30;
25      int y = 30;
26      int direction = 0;//用一个整数来保存小球的方向:0——右下,1——左下,
                         //2——左上,3——右上
27
28      public void paint(Graphics g) {
29          g.setColor(Color.WHITE);
30          g.fillRect(0, 0, this.getWidth(), this.getHeight());
31          g.setColor(Color.BLACK);
32          g.fillOval(x, y, 20, 20);
33      }
34
35      public void go() {
36          while (true) {
37              // 方向决定着小球坐标的改变方法
38              switch(direction) {
39              case 0:x++;y++;break;//右下
40              case 1:x--;y++;break;//左下
41              case 2:x--;y--;break;//左上
42              case 3:x++;y--;break;//右上
43              }
44
45              // 撞窗口边框之后,改变方向
46              if (x > this.getWidth() - 20) {    //撞到右侧边框(有两种情况:右下、右上)
47                  if (direction == 0) {          //如果当前是右下方向,则改为左下
```

```
48                    direction = 1;
49                } else {                    //当前是右上方向,则改为左上
50                    direction = 2;
51                }
52            } else if (y > this.getHeight() - 20) {
53                if (direction == 1) {
54                    direction = 2;
55                } else {
56                    direction = 3;
57                }
58            } else if (x < 0) {
59                if (direction == 2) {
60                    direction = 3;
61                } else {
62                    direction = 0;
63                }
64            } else if(y < 0) {
65                if (direction == 3) {
66                    direction = 0;
67                } else {
68                    direction = 1;
69                }
70            }
71            repaint();
72            try {
73                Thread.sleep(30);
74            } catch (Exception e) {
75            }
76        }
77    }
78 }
```

6.4 Snows(漫天下雪)

需求：在一个 1 024×768 的窗口中显示 300 个自动下行的雪花,雪花在窗口的随机位置出现,然后垂直下行,当超出了窗口下边缘之后,再重新从窗口上方出现并继续下行。

分析：共有 300 个雪花的位置,需要记录 300 个坐标,每个坐标有 x、y 两个整数。可以用一个二维数组来存储。下面的参考程序用了两个一维数组 x[ ]和 y[ ],每个数组长度为 300,下标 i 从 0 到 299,x[i]和 y[i]就是第 i 个点的横坐标、纵坐标。

【代码 6.5】 "漫天下雪"的实现案例

```java
package test6;

import java.awt.Color;
import java.awt.Graphics;

import javax.swing.JFrame;
import javax.swing.JPanel;

public class Test6_5 {

    public static void main(String[] args) {
        JFrame w = new JFrame();
        w.setSize(1024 , 768);
        
        SnowPanel p = new SnowPanel();
        w.add(p);
        w.setVisible(true);
        p.init();   //调用 init 函数,进行坐标初始化
        p.go();
    }
}
class SnowPanel extends JPanel {
    //创建两个长度为 300 的一维数组,分别保存 300 个点的 x、y 坐标
    int x[] = new int[300];
    int y[] = new int[300];
    
    public void init(){   //给 300 个点的坐标赋初值
        for(int i = 0 ; i < 300 ; i ++){
            x[i] = (int)(Math.random() * getWidth());   //屏幕范围内的随机整数
            y[i] = (int)(Math.random() * getHeight());
        }
    }
    
    public void paint(Graphics g){
        //将整个屏幕用蓝色填充,抹掉之前呈现的内容
        g.setColor(Color.BLUE);
        g.fillRect(0, 0, getWidth(), getHeight());
        //用白色按照每个点的 x、y 坐标,画出 300 个 " * "
        g.setColor(Color.WHITE);
```

```
40        for(int i = 0; i < 300; i ++){
41            g.drawString("*", x[i], y[i]);
42        }
43    }
44    public void go(){
45        while(true){
46            for(int i = 0; i < 300; i ++){   //改变每个点的 y 坐标
47                y[i] ++ ;
48                if(y[i]> getHeight()){   //如果超出窗口下边缘,直接回到窗口顶上
49                    y[i] = 0;
50                }
51            }
52            try{
53                Thread.sleep(30);
54            }catch(Exception e){}
55            repaint();
56        }
57    }
58 }
```

6.5 ControledBall(受控移动的小球)

当用户按下了键盘,单击了鼠标,操作了窗口等"事件"发生的时候,程序需要给出响应。

要实现对用户事件响应,需要以下两点:第一,监听到事件的发生;第二,在监听到事件发生之后,捕获事件,并根据事件给予响应处理。

Java 采用"委派式"事件处理机制(如图 1.6.7 所示),事件源组件会先注册"监听器"对象,当监听到事件发生的时候,把事件对象发送给事件监听器,事件监听器负责调用响应方法来处理事件。

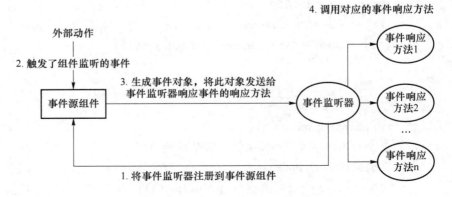

图 1.6.7 Java"委派式"事件处理机制

程序的实现过程如下。

(1) 定义事件监听器类。

作为事件监听器的类需要满足两个条件。

① 实现某种事件监听器的接口。

要监听键盘按键事件,监听器的类需在类定义的头部加入"implements KeyListener;",实现键盘监听器接口。例如,

class BallPanel3 extends JPanel implements KeyListener {}

//这里就让面板类同时作为键盘监听器类

这里可以先把实现接口与继承父类这两件事当作是相似的功能:一个类只要实现了 KeyListener 的接口,就可以有监听键盘事件的功能了。那么,实现接口和继承父类,有什么不同吗?直接的不同就是,若仅仅实现接口,则有编译错误,如图 1.6.8 所示。

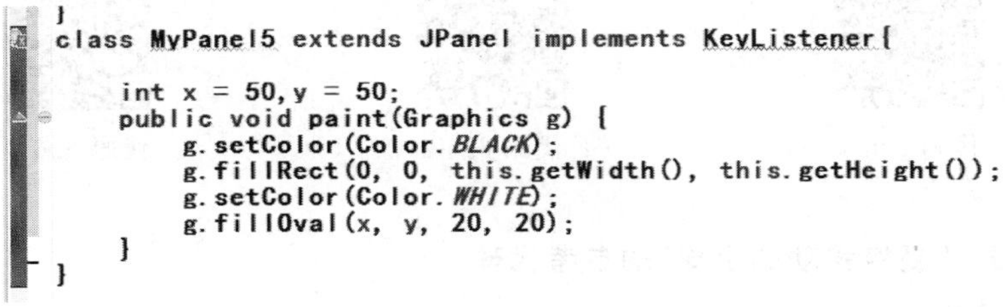

图 1.6.8 编译出错

我们看看 Eclipse 给的建议,如图 1.6.9 所示。

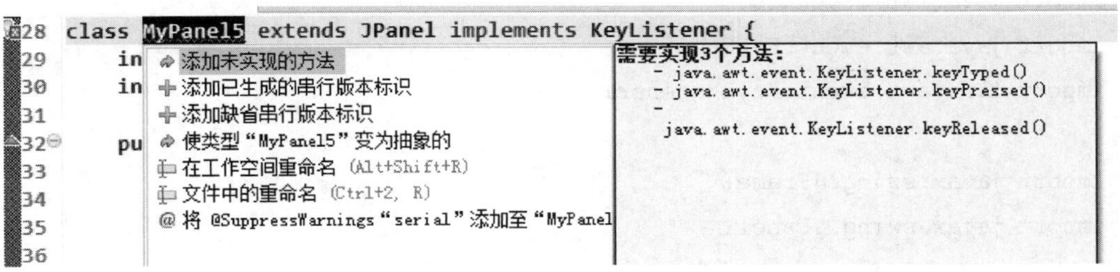

图 1.6.9 Eclipse 给的建议

② 实现监听器接口中所有的事件响应方法。我们选择 Eclipse 给出的第一个解决方案 "添加未实现的方法",这样类里面就加入 3 个空的方法。

```
public void keyPressed(KeyEvent e){    //键盘按键被按下的时候调用

}

public void keyTyped(KeyEvent e){    //键盘按键被点击的时候调用

}

public void keyReleased(KeyEvent e){    //键盘按键被释放的时候调用
```

}

这 3 个方法是键盘事件的 3 个响应方法,要对哪个事件进行响应,就把响应的执行内容写入对应的响应方法中。当事件发生的时候,相应的响应方法就会被自动调用。

捕获到的事件对象通过响应方法的参数传递给我们。在上述代码中,参数 e 就是当前捕获到的事件对象,要想得到任何和当前事件相关的信息,都可以通过事件对象来获取。例如,e.getKeyCode() 就可用来获得当前按下的键的键码。

有关事件和事件响应会在第 9 章介绍。

(2) 将事件监听器对象注册在负责监听的组件上。

需求:在一个 300×400 的窗口中显示一个半径为 20 的小球,可通过键盘的上、下、左、右键控制小球的移动方向。

代码 6.6-1

代码 6.6-2

代码 6.6-3

【代码 6.6】 "受控移动的小球"的参考代码

```
1   package test6;
2
3   import java.awt.Color;
4   import java.awt.Graphics;
5   import java.awt.event.KeyEvent;
6   import java.awt.event.KeyListener;
7
8   import javax.swing.JFrame;
9   import javax.swing.JPanel;
10
11  public class Test6_7 {
12
13      public static void main(String[] args) {
14          JFrame w = new JFrame();
15          w.setSize(300, 400);
16
17          BallPanel3 p = new BallPanel3();
18          w.add(p);
19
20          // 注册事件监听器
21          w.addKeyListener(p);
22
23          w.setVisible(true);
```

```java
24          }
25      }
26
27  //定义BallPanel3类,既是面板类也是监听器类
28  class BallPanel3 extends JPanel implements KeyListener {
29      int x = 30;
30      int y = 30;
31
32      public void paint(Graphics g) {
33          g.setColor(Color.WHITE);
34          g.fillRect(0, 0, this.getWidth(), this.getHeight());
35          g.setColor(Color.BLACK);
36          g.fillOval(x, y, 20, 20);
37      }
38
39      public void keyPressed(KeyEvent arg0) {    //当有键盘按键被按下时,自动调用
40          //System.out.println(arg0.getKeyCode());
41          //先通过上面这行语句,获得上下左右4个键的键码分别是38、40、37、39
42
43          if (arg0.getKeyCode() == 37) {
44              x--;
45          }
46          if (arg0.getKeyCode() == 38) {
47              y--;
48          }
49          if (arg0.getKeyCode() == 39) {
50              x++;
51          }
52          if (arg0.getKeyCode() == 40) {
53              y++;
54          }
55          repaint();    //小球坐标改变了,需要重绘
56      }
57
58      public void keyReleased(KeyEvent arg0) {
59
60      }
61
62      public void keyTyped(KeyEvent arg0) {
63
```

```
64      }
65  }
```

运行程序后,窗口对象就处于键盘事件监听的状态,一旦键盘按键被按下的事件发生,这个事件就会被监听到,并且public void keyPress(KeyEvent arg0)方法就会被调用,其中的参数arg0就是被捕获到的事件对象。

拓展:了解主要的事件监听器接口还有哪些,它们主要监听哪些事件,每种监听器对应的相应方法有哪些。

6.6 HitChars(打字游戏)

需求:

(1) 有10个随机字母从窗口上边缘向下移动(x坐标水平平均分布),当键盘上敲击的字母和屏幕中的字母相同时,该字母消失,重新产生新的随机字母,该字母重新从窗口上边缘向下移动并加分。

(2) 如果窗口中某个字母碰到窗口下边缘时仍未被击中,则减分,并重新产生新的随机字母,该字母重新从窗口上边缘向下移动。

(3) 当键盘上敲击的字母和窗口中所有的字母都不相同时,也减分。

【代码6.7】"打字游戏"的参考代码

```
1   package test6;
2
3   import java.awt.Color;
4   import java.awt.Graphics;
5   import java.awt.event.KeyEvent;
6   import java.awt.event.KeyListener;
7
8   import javax.swing.JFrame;
8   import javax.swing.JPanel;
10
11  public class Test6_8{
12
13      public static void main(String[] args) {
14          JFrame w = new JFrame();
15          w.setSize(500 , 400);
16
17          MyPanel6 mp = new MyPanel6();
18          mp.init();
19          w.add(mp);
20
21          w.addKeyListener(mp);
22
```

```java
23            w.setVisible(true);
24            mp.go();
25        }
26   }
27   //定义类 Mypanel6,既是面板类,也是监听器类
28   class MyPanel6 extends JPanel implements   KeyListener{
29        //长度为 10 的两个数组,分别保存 10 个字母出现的 x、y 坐标
30        int x[] = new int[10] ;
31        int y[] = new int[10] ;
32        char c[] = new char[10] ;
33        int score = 1000 ;
34
35        public void init() {
36            for (int i = 0 ; i < 10 ; i ++ ) {
37                x[i] = i * 50 ;
38                y[i] = 0;
39                c[i] = (char)(Math.random() * 26 + 97) ;   //每个字母是随机的小写字母
40            }
41        }
42        public void paint(Graphics g){
43            g.setColor(Color.WHITE);
44            g.fillRect(0, 0, this.getWidth(), this.getHeight());
45
46            g.setColor(Color.BLACK);
47            for(int i = 0 ; i < 10 ; i ++ ){
48                g.drawString(new Character(c[i]).toString(), x[i] , y[i]) ;
49            }
50            //显示成绩
51            g.setColor(Color.RED) ;
52            g.drawString("你的成绩是:" + score, 5 , 15) ;
53        }
54        public void go() {
55            while(true){
56                for (int i = 0 ; i < 10 ; i ++ ) {
57                    y[i] ++ ;
58                    if(y[i] > 400){    //字母达到窗口下边界,重新以新的字母出现在窗口顶上
59                        y[i] = 0 ;//
60                        x[i] = i * 50 ;//等间距
61                        c[i] = (char)(Math.random() * 26 + 97) ;
62                        score -= 10 ;   //如果字母达到窗口下边界都没有被击中,就扣 10 分
```

```
63                    }
64                }
65                try{
66                    Thread.sleep(100) ;
67                }catch(Exception e){}
68                repaint() ;
69            }
70        }
71        @Override
72        public void keyPressed(KeyEvent arg0) {
73            char keyC = arg0.getKeyChar() ;
74            int hitIndex = -1 ;    //hitIndex为-1,代表没有击中任何字母
75
76            for(int i = 0 ; i < 10 ; i ++ ){
77                if(keyC == c[i]){
78                        hitIndex = i ;   //击中了下标为i的字母
79                }
80            }
81
82            if(hitIndex != -1){      //击中了第i个字母,新的字母从纵坐标为0开始
83                y[hitIndex] = 0 ;
84                x[hitIndex] = hitIndex * 50 ;
85                c[hitIndex] = (char)(Math.random() * 26 + 97) ;
86                score += 10 ;
87            }else {
88                score -= 10 ;
89            }
90        }
91        public void keyReleased(KeyEvent arg0) {
92        }
93        public void keyTyped(KeyEvent arg0) {
94        }
95    }
```

第 7 章 异 常

之前实现动画的时候,需要当前线程停留一段时间,这是通过 Thread.sleep(int)来实现的。而 Thread 类中的 sleep()方法是有可能抛出异常的,所以在调用的时候,必须处理异常,编译才可以通过。这里我们正式来学习异常。

7.1 异常的概念

程序员写的程序只有改正了所有的编译错误,才能运行。但是,能够运行的程序还是可能会发生很多异常:用户输入数据格式错误、除数为 0 错误、给变量赋值超出允许范围、待打开文件不存在、网络连接中断,等等。程序员写程序时要尽量预料到所有的情况,让程序在任何情况下都能以适当的方式运行下去。这就要提高程序的健壮性和容错性。

可以用一系列的 if 语句块来判断某种异常情况的发生,从而为对该异常情况进行处理,如:

```
if(用户输入数据不合法){
    //用户输入数据不合法的处理
}else if(文件不存在){
    //文件不存在的处理
}else if(网络不通){
    //网络不通的处理
}else{
    //正常情况下的业务模块
}
```

这样的异常检测和处理代码和实际的业务代码是混合在一起的,代码结构不是非常清晰,而且有的异常情况是不易描述的。不管有没有发生异常情况,每种异常都要进行检测。

Java 采用了不同的异常处理机制,能够使得异常处理代码和正常的业务代码适当分离,从而以更有效的方式处理异常。

7.2 异常处理机制

Java 异常处理机制是指当程序运行出现意外情况时,系统会自动生成一个 Exception 对象来通知程序,然后根据 Exception 对象的类型进入具体的异常处理模块。这样能够将业务实现模块和异常处理模块分离,提供更好的程序可读性。

Java 异常处理机制的具体处理方式是,将可能发生异常的语句全部写在 try{}中,当 try 语句块中的语句发生异常时,系统会生成一个异常对象,该异常对象会提交给 Java 运行时环境,这个过程称为"抛出异常"。

当 Java 运行时环境接收到异常对象时,会去寻找匹配可以处理该异常的 catch 语句块,如果找到适当的 catch 语句块,就把该异常对象交给此 catch 语句块处理,这个过程称为"捕获异常"。如果找不到适当的 catch 语句块处理该异常,该异常对象就抛给当前函数的调用者处理。

异常处理机制语句如下:

```
try{
    //业务处理语句
    语句 1;
    语句 2;
    语句 3;
    语句 4;
    //…
}
catch(异常类 1   e1){
    //异常处理语句块 1
}
catch(异常类 2   e2){
    //异常处理语句块 2
}
catch(异常类 2   e3){
    //异常处理语句块 3
}
finally{
    //finally 语句块
}
```

将所有可能抛出异常的业务处理语句写入 try 语句块中,如果执行的 try 语句块没有发生任何异常,则所有的 catch 语句块都不执行;如果执行 try 语句块时发生了异常,则抛出一个异常对象。运行时环境将此异常对象的类型依次和后面的 catch 小括号中的异常类进行匹配。如果抛出的异常对象的类型是 catch 小括号中的异常类或者其子类,那么该异常对象就传入该 catch 子句,然后执行该 catch 语句块中的异常处理语句,然后越过后续的所有 catch 语句块。如果抛出的异常对象的类型和 catch 小括号中的异常类不匹配,则依次与下一个 catch 语句块进行匹配。如果抛出的异常对象的类型和所有的 catch 异常类都不匹配,那么该异常对象将抛给当前方法的调用者,如果当前方法是 main(),那么此异常对象将抛给操作系统,异常信息会输出在控制台上,当前程序结束。

例如,假设 try 中的语句 2 抛出了异常,则 try 中语句 2 之后的语句将不再执行。该异常对象的异常类型会依次和每个 catch 语句块匹配,先和第一个 catch 语句块的异常类 1 匹配,如果不是异常类 1 或者其子类,则接着和第二个 catch 语句块匹配。如果异常对象的异常类型和第二个异常类 2 匹配上了,则执行异常处理语句块 2,之后的 catch 语句块会被越过。

无论有没有抛出异常,或者无论抛出的异常有没有没被 catch 异常对象的异常类型捕获到,finally 语句块都会被执行。

注意:

(1) 尽量对不同的异常给予具体不同的异常处理,而不是对不同的异常笼统地给予相同的处理。

(2) 由于异常对象与 catch 语句块的匹配是按照 catch 语句块的先后顺序进行的,那么当处理多异常时,catch 子句的排序顺序一般是将处理具体异常的 catch 子句放在前面,而可以与多种异常类型相匹配的 catch 子句放在后面。若子类异常的 catch 子句放在父类异常的 catch 子句的后面,编译会出错。catch 子句应该将处理具体的子类异常排列在前面,将可以匹配多个异常的父类排列在后面。

(3) 由于 try 语句块中抛出异常的语句之后的语句将不会被执行到,所以将一些一定需要执行的、不能忽略的语句写在 finally 语句块中。一般将一些资源清理操作(如文件关闭等操作)写在 finally 中。finally 块是可选的。

(4) 当 catch 语句块中包含 System.exit(0)语句时,则不执行 finally 块,程序直接终止;当 catch 语句块中包含 return 语句时,则执行完 finally 块后再返回。

【代码 7.1】 异常案例 1

```
1  package test7;
2  import java.util.Scanner;
3  public class Test7_1 {
4      public static void main(String[] args) {
5          System.out.print("请输入课程代号(1~3 之间的数字)");
6          Scanner r = new Scanner(System.in);
7          int courseCode;
8          try {
9              courseCode = r.nextInt();
10             switch (courseCode) {
11             case 1:
12                 System.out.println("C 语言");
13                 break;
14             case 2:
15                 System.out.println("java 语言");
16                 break;
17             case 3:
18                 System.out.println("数据库");break;
19             default:
20                 System.out.println("不存在。");
21             }
22         } catch (Exception e) {
23             System.out.println("输入错误!");
24         }
25         finally{
```

```
26              System.out.println("结束!");
27          }
28      }
29  }
```

对于代码7.1,若输入"2",则运行结果如图1.7.1所示。

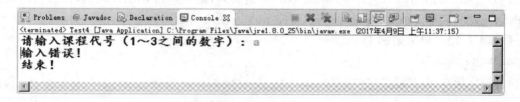

图1.7.1 输入"2"的运行结果

若输入"a",则运行结果如图1.7.2所示。

图1.7.2 输入"a"的运行结果

【代码7.2】 异常案例2

```
1   package test7;
2   public class Test7_2
3   {
4       public static void main(String args[])
5       {
6           int i;
7           int a[] = {1,2,3,4};
8           for(i = 0;i < 5;i++)
9           {
10              try
11              {
12                  System.out.print("a[" + i + "]/" + i + " = " + (a[i]/i));
13              }
14              catch(ArrayIndexOutOfBoundsException e)
15              {
16                  System.out.print("捕获到了数组下标越界异常");
17              }
18              catch(ArithmeticException e)
19              {
20                  System.out.print("异常类名称是:" + e);   //显示异常信息
```

```
21      }
22      catch(Exception e)
23      {
24          System.out.println("捕获"+ e.getMessage() +"异常!");  //显示异常信息
25      }
26      finally
27      {
28          System.out.println("     finally    i = " + i);
29      }
30  }
31  System.out.println("继续!!");
32  }
```

代码 7.2 的运行结果如图 1.7.3 所示。

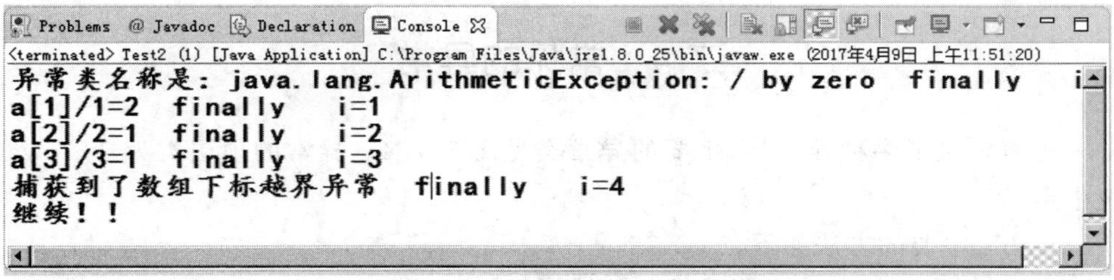

图 1.7.3 代码 7.2 的运行结果

7.3 方法声明抛出异常

对于需要处理的异常,一般通过编写 try-catch-finally 语句捕获并处理,如果存在 try-catch-finally 没有捕获到的异常,或者在当前方法中没有进行异常的捕获但是该方法有可能抛出异常,则需要在当前方法的头部声明该方法会抛出异常。该方法的调用者负责处理这个异常。

方法声明抛出异常是在方法头部使用 throws,throws 之后是会抛出的异常种类。

【代码 7.3】 声明抛出异常案例

```
1   package test7;
2   import java.io.IOException;
3   public class Test7_3{
4       public static void main(String[] args) {
5           Test3 t = new Test3();
6           try {
7               t.come();//用 try-catch 处理异常。作为方法的调用者,在这里处理异常
8           } catch (IOException e) {
9               e.printStackTrace();
10          }
```

```
11      }
12      public void come() throws IOException{    //在方法头部声明抛出异常
13          go();    //该方法会抛出异常,在这里不处理
14      }
15      public void go() throws IOException{    //在方法头部声明抛出
16          throw new IOException("test");    //在此处抛出异常,但是没有处理异常
17      }
18  }
```

代码 7.3 的运行结果:
java.io.IOException: test
    atTest.go(Test.java:15)
    atTest.come(Test.java:12)
    atTest.main(Test.java:6)

7.4 常见的异常

Java 语言定义了多种异常类,主要的异常类见图 1.7.4。异常的顶层类为 Throwable,在 lang 包中定义。

Throwable 主要的方法如下。

public String toString():返回异常对象的简短描述。

public void printStackTrace():输出异常对象产生的追踪路径,即程序先后调用了哪些方法,使得运行过程中产生了该异常对象。

异常对象经常调用这两个方法用于得到异常信息和产生路径。

Throwable 有两个子类:Error、Exception。主要异常的结构图如图 1.7.4 所示。

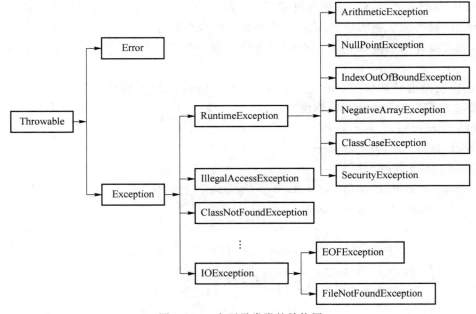

图 1.7.4 主要异常类的结构图

（1）Error 异常由 Java 虚拟机生成并抛出，此类异常是程序发生了不可控的错误，包括动态链接失败错误、虚拟机错误、内存溢出错误、栈溢出错误等。程序无法对其做处理，由操作系统处理。

（2）Exception 异常分为两类：RuntimeException 异常（所有 RuntimeException 类及其子类的实例）、CheckedException 异常（不属于 RuntimeException 的异常）。

① RuntimeException 异常有除数是 0 和数组下标越界等，它由系统自动检测并将它们交给缺省的异常处理程序。在程序中，这类异常无论处理还是不处理，程序都可以编译通过。但是对于这类异常，Java 希望程序员在编写程序时就避免这类异常的出现。

② CheckedException 异常程序必须显式处理。如果程序没有处理 CheckedException 异常，该程序在编译时会发生错误而无法运行。这体现了 Java 的设计哲学：没有完善错误处理的代码根本没有机会被执行。

7.5 抛出异常的方法

【代码 7.4】
主动抛出异常对象时，需用到关键字 throw（注意和代码 7.3 中的 throws 作区分）。

```
1   package test7;
2   import java.util.Scanner;
3
4   public class Test7_4 {
5       public static void main(String[] args) {
6           System.out.print("输入 1 到 100 之间的整数:");
7           Scanner r = new Scanner(System.in);
8           int t;
9           try {
10              t = r.nextInt();
11              if (t < 1 || t > 100) {    //t 如果不在 1 到 100 之间，就抛出异常
12                  //这里要注意，是抛出一个异常对象，throw 后面是一个对象，不是类
13                  throw new Exception("输入超出范围。");
14              }
15          } catch (Exception e) {
16              System.out.print(e.toString());
17          }
18      }
19  }
```

代码 7.4 的运行结果：
输入 1 到 100 之间的整数:0
java.lang.Exception：输入超出范围。

7.6 自定义异常

对于具体应用程序中特有的异常,需要程序员根据程序的特殊逻辑关系,自己创建用户自定义异常。

【代码7.5】 自定义异常案例

```java
1  //自定义异常类通过继承 Exception 具有异常的特征
2  class CircleException extends Exception   {
3      double radius;
4      CircleException(double r)      //构造方法。在创建该类的对象时自动调用
5      {
6          radius = r;
7      }
8      public String toString()
9      {
10         return "半径 r = " + radius + "不是一个正数";
11     }
12 }
13 class Circle      //定义 Circle 类
14 {
15     private double radius;
16     public void setRadius(double r) throws CircleException   //由方法抛出异常
17     {
18         if(r < 0)
19            throw new CircleException(r);     //抛出异常
20         else
21            radius = r;
22     }
23     public void show()
24     {
25         System.out.println("圆面积 = " + 3.14 * radius * radius);
26     }
27 }
28 public class Test7_5
29 {
30     public static void main(String[] args)
31     {
32         Circle cir = new Circle();
33         try
34         {
```

```
35          cir.setRadius(-2.0);  //捕获由 setRadius()方法抛出的异常
36          cir.show();
37
38      }
39      catch(CircleException e)
40      {
41          System.out.println("自定义异常:" + e.toString() + "");
42      }
43  }
44 }
```

代码 7.5 的运行结果：

自定义异常:半径 r = -2.0 不是一个正数

创建用户自定义异常时，一般需要完成如下工作。

(1) 声明一个新的类。这个类必继承 Throwable 类或是它的间接子类，Java 推荐用户自定义异常以 Exception 为直接父类，也可以使用某个已经存在的异常或用户自定义的异常作为其父类。

(2) 为自定义异常类定义属性和方法，或者覆盖其父类的属性和方法。

有关类的定义和类的继承相关内容会在后续第 15 章和第 16 章正式学习到，这里大家有个了解即可。

用户自定义异常不能由系统自动抛出，因而必须用 throw 语句定义在何种情况下抛出这个异常类的对象。

练　　习

一、选择题

1. 下面程序的输出是（　　）。
```java
public class TestDemo {
    public static String output = "";
    public static void foo(int i) {
        try {
            if (i == 1) {
                throw new Exception();
            }
        } catch (Exception e) {
            output += "2";
            return;
        } finally {
            output += "3";
        }
```

```
        output += "4";
    }
    public static void main(String[] args) {
        foo(0);
        foo(1);
        System.out.println(output);
    }
}
```

  A. 342   B. 3423   C. 34234   D. 323

2. 在下面有关Java异常的描述中,说法错误的是(　　)。

  A. 异常的继承结构:基类为Throwable,Error和Exception继承Throwable,RuntimeException和IOException等继承Exception

  B. 非RuntimeException一般是外部错误,必须被try{}catch语句块所捕获

  C. Error类体系描述了Java运行系统中的内部错误以及资源耗尽的情形,Error不需要捕捉

  D. RuntimeException体系包括错误的类型转换、数组越界访问和试图访问空指针等,必须被try{}catch语句块所捕获

3. 下面代码的运行结果是(　　)。

```
public class M {
    public int add(int a, int b) {
        try {
            return a + b;
        } catch (Exception e) {
            System.out.println("catch 语句块");
        } finally {
            System.out.println("finally 语句块");
        }
        return 0;
    }
    public static void main(String argv[]) {
        M test = new M();
        System.out.println("和是:" + test.add(9, 34));
    }
}
```

  A. catch 语句块　　　B. 编译异常　　　C. finally 语句块　　　D. 和是:43
   和是:43　　　　　　　　　　　　　　　和是:43　　　　　　　　finally 语句块

第2篇 实现一个即时通信程序

本篇通过实现一个即时通信程序来学习 Java SE 主要类库的使用。实现的即时通信程序的总体需求如下。

（1）用户注册：用户以用户名和密码注册账号（如图 2.0.1 所示）。

总体需求

图 2.0.1 用户注册界面

（2）用户登录和聊天：第一，可用注册账号登录。如果登录失败，则会出现错误提示窗，提示重新登录（如图 2.0.2 所示）。第二，如果登录成功，则打开聊天窗口（如图 2.0.3 所示）。窗口标题是当前用户名，窗口上端是当前在线用户下拉列表，下拉列表中包含除了当前用户外的所有其他在线用户名，在下拉列表中选中的用户名即是当前用户聊天的对象。在下端的输入框中输入信息，单击回车键或者鼠标单击发送按钮，信息会出现在中间的聊天历史框中（如图 2.0.4 所示），并且发送给下拉列表中选中的在线用户，信息会出现在对方的聊天历史框中（如图 2.0.5 所示）。第三，可以有多于 2 个的用户在线，并可以向任意指定的在线用户发送信息。

图 2.0.2 用户登录错误界面

(a) 用户 lilywang 的界面

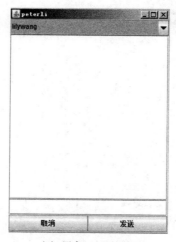

(b) 用户 peterli 的界面

图 2.0.3 用户聊天界面

图 2.0.4　peterli 与 lilywang 的对话界面　　图 2.0.5　lilywang 与 peterli 的对话界面

（3）登录成功时，如果之前在本机有过聊天历史，则首先将之前的聊天历史显示在聊天历史框中。

（4）当用户关闭窗口下线时，其他在线用户的聊天界面下拉列表中将去掉此下线用户名。

当有新用户上线时，所有已经在线用户的聊天界面下拉列表中会增加此新上线用户名。新上线用户的聊天界面下拉列表中会有所有已经在线的用户名。

第8章 版本一 实现登录和聊天界面

8.1 功能需求1(登录界面)

用户在进入聊天之前,首先要注册和登录。我们要实现图2.8.1所示的登录界面。

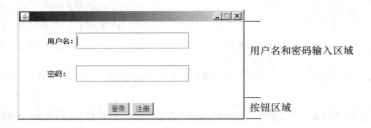

图2.8.1 登录界面

8.2 相关知识点:Java图形界面设计

首先学习基本的Java图形界面的相关实现技术。

1. Java图形界面组件

Java提供了两个处理图形用户界面(Graphics User Interface,GUI)的包:java.awt和java.swing。awt包是早期的图形界面组件,awt包中的组件是通过调用底层操作系统的图形界面来实现的,被称为重量级组件,组件功能有限。swing包是后期提供的图形界面组件,swing包中的组件是完全用Java实现的,不依赖任何底层平台的图形界面,被称为轻量级组件,它对跨平台支持更加出色,提供了功能更加丰富的图形界面组件。所以这里我们采用swing包中的组件。

使用Java做静态图形界面时,一般包括3个步骤。
(1)创建顶层容器对象。
(2)创建布局管理器对象,为容器设置布局方式,或者采用默认的布局管理器。
(3)创建组件对象,加入容器。

顶层容器类有JFrame(窗口)、JDialog(对话框)、FileDialog(文件对话框)、JOptionPane(选择提示框)等。用于加入各种组件对象的顶层容器用JFrame。

首先创建JFrame对象,然后根据需求创建各个要呈现的组件对象,并将其加入容器中。本例需要加入容器的组件有按钮JButton(两个按钮"登录"和"注册"),可编辑的文本输入框JTextField(两个输入框用来输入用户名和密码),只用于呈现信息、不可编辑的标签JLabel(两个显示"用户名"和"密码"的标签)。

2. 图形界面布局管理器

在容器中加入界面组件,构成要呈现的图形界面时,容器需要设定布局管理方式,就像是房间里放多个家具时,需要布局好每件家具应该放在什么位置,还需要设定当窗口改变大小时,组件的大小和位置该如何做出相应的改变。

Java 定义了几种布局管理器,每种布局管理器对应一种布局策略。java.awt 包中有流式布局管理器 FlowLayout、边界布局管理器 BorderLayout、卡片式布局管理器 CardLayout、网格式布局管理器 GridLayout、网格包布局管理器 GridBagLayout 等。java.swing 包中有盒式布局管理器 BoxLayout、重叠布局管理器 OverlayLayout、弹簧布局管理器 SpringLayout 等。

每种容器都有默认的布局管理器,如果不改变容器的布局管理器,加入的组件将以默认的布局管理方式去放置。例如,JFrame 的默认布局管理器是 BorderLayout,JPanel 的默认布局管理器是 FlowLayout。也可以设置新的布局管理器,不选择默认布局管理器。

(1) 绝对布局

绝对布局就是设置容器的布局管理器为 null,加入的所有组件都要设置好大小和放置的位置坐标,按照设置的大小和坐标去呈现和放置。

采用绝对布局时,如果容器大小是可变的,当容器的大小形状发生改变的时候或者显示器配置变化的时候,以绝对坐标和绝对大小放置在容器中的组件有可能呈现得不恰当,如代码 8.1 的运行结果。所以,一般在采用绝对布局方式时,要将窗口设定为不可改变大小。

【代码 8.1】 绝对布局案例

```
1   import javax.swing.JButton;
2   import javax.swing.JFrame;
3
4   public class Test8_1{
5
6       public static void main(String[] args) {
7           JFrame f = new JFrame();
8           JButton b = new JButton("ok");
9
10          f.setLayout(null); //取消容器的默认布局管理器,意味着采用绝对布局方式
11          b.setBounds(200, 100, 100, 50);//设置按钮 b 的左上角坐标为(200,100)
12                                          //按钮宽度为 100,高度为 50
13          f.add(b);
14          f.setSize(500, 300);
15          f.setVisible(true);
16      }
17  }
```

代码 8.1 的运行效果如图 2.8.2 所示。

当拖动窗口改变窗口大小形状的时候,可能出现不适当的情况,当缩小窗口大小的时候,可能出现图 2.8.3 所示的效果。

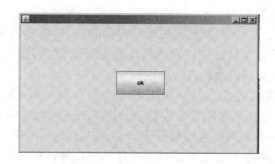

图 2.8.2 代码 8.1 的运行效果

图 2.8.3 代码 8.1 运行时可能出现的不适当情况

(2) 边界布局

容器 JFrame 默认的布局管理器是边界布局管理器(BorderLayout),边界布局管理器的布局策略是将容器分为东西南北中 5 个部分(如图 2.8.4 所示),加入组件时要指出加入在哪个区域,如果不指出加入区域,默认加入中间区域 BorderLayout.CENTER。如果东西南北这 4 个区域中的某个区域没有加组件,就会并入中间区域。每个区域加入的组件会充满所在区域。如果在一个区域加入多个组件,后加入的组件会覆盖之前加入的组件。边界布局的效果如图 2.8.4 所示。

图 2.8.4 边界布局的效果

【代码 8.2】 边界布局案例

```
1   import javax.swing.JButton;
2   import javax.swing.JFrame;
3   import javax.swing.JLabel;
4   public class Test8_2 {
5
6       public static void main(String[] args) {
7           JFrame f = new JFrame("test");
```

```
 8          //给 f 设置 BorderLayout 布局管理器:
 9          f.setLayout(new BorderLayout());
10
11          f.add(new JLabel("标题栏"), BorderLayout.NORTH);
12          f.add(new JLabel("状态栏"), BorderLayout.SOUTH);
13          f.add(new JButton("CENTER"), BorderLayout.CENTER);
14
15          f.setSize(500, 400);
16          f.setVisible(true);
17      }
18 }
```

代码 8.2 的运行效果如图 2.8.5 所示。

图 2.8.5　代码 8.2 的运行效果

（3）流式布局

面板容器 JPanel 的默认布局管理器是流式布局管理器 FlowLayout。流式布局管理器的布局策略是，组件按照加入的先后顺序设置的对齐方式，默认从左向右排列，在一行排满后遇到边界时，就折回并从下一行开始继续排列。流式布局的效果如图 2.8.6 所示。

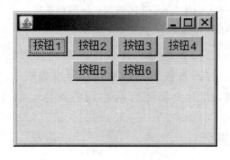

图 2.8.6　流式布局的效果

【代码 8.3】　流式布局案例

```
1  import java.awt.FlowLayout;
2
3  import javax.swing.JButton;
4  import javax.swing.JFrame;
5
```

```
6       public class Test8_3{
7
8       public static void main(String[] args) {
9           JFrame f = new JFrame();
10          JButton b1 = new JButton("button1");
11          JButton b2 = new JButton("button2");
12
13          f.setLayout(new FlowLayout()); //设置容器的布局管理器为 Flowlayout
14
15          f.add(b1);
16          f.add(b2);
17          f.setSize(500, 300);
18          f.setVisible(true);
19      }
20  }
```

代码 8.3 的运行效果如图 2.8.7 所示。

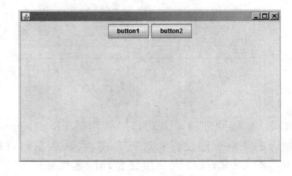

图 2.8.7 代码 8.3 的运行效果

(4) 网格式布局

网格式布局管理器 GridLayout 也是一种常用的布局管理器。当创建网格式布局管理器对象时，要设定行数和列数。容器将按照行数和列数形成纵横线网格布局，组件放入容器的次序决定了它在容器中的位置，组件对象逐行从左到右加入。每个加入的组件将占满所在的区域。

【代码 8.4】 网格布局案例

```
1   public class Test8_4 {
2
3       public static void main(String[] args) {
4           JFrame frame = new JFrame();
5           frame.setLayout(new GridLayout(2,3));
6
7           frame.add(new Button("1"));
8           frame.add(new Button("2"));
```

```
9            frame.add(new Button("3"));
10           frame.add(new Button("4"));
11           frame.add(new Button("5"));
12           frame.add(new Button("6"));
13
14           frame.setSize(200, 200);
15           frame.setVisible(true);
17       }
17   }
```

代码 8.4 的运行效果如图 2.8.8 所示。

（5）嵌套布局

可以将一个容器分成不同的区域，不同的区域采用不同的布局方式。实现方法是在不同的区域中加入 JPanel（面板）对象，将每个区域的面板设置为不同的布局管理器，这样不同区域加入的组件就会有不同的布局了。JPanel 容器在这种情况下是用来分区的。JPanel 容器可以称作是中层容器，必须放入其他容器中，不能作为顶层容器独立呈现。

图 2.8.8　代码 8.4 的运行效果

【代码 8.5】　嵌套布局案例

```
1   import java.awt.BorderLayout;
2   import javax.swing.JButton;
3   import javax.swing.JFrame;
4   import javax.swing.JPanel;
5
6   public class Test8_5 {
7
8       public static void main(String[] args) {
9           JFrame f = new JFrame();
10          JButton b1 = new JButton("button1");
11          JButton b2 = new JButton("button2");
12          JPanel p = new JPanel();
13          //p 的默认布局管理器是 FlowLayout
14          p.add(b1);        //在面板中加入按钮 b1 和 b2
15          p.add(b2);
16
17          f.add(p,BorderLayout.SOUTH);//在容器的 SOUTH 区域加入面板 p
18          f.setSize(500, 300);
19          f.setVisible(true);
20      }
21  }
```

代码 8.5 的运行效果如图 2.8.9 所示。

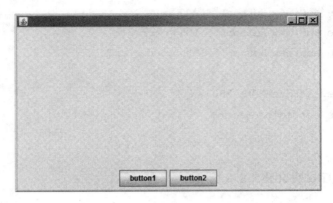

图 2.8.9　代码 8.5 的运行效果

8.3　实现参考 1(登录界面)

【代码 8.6】 "登录"主类 Login

```
1  public class Login {
2  
3      public static void main(String[]args) {   //不要把实现的细节写入main()函数
4          LoginFace loginFace = new LoginFace();
5          loginFace.makeface();//打开登录窗口
6      }
7  }
```

登录界面如图 2.8.10 所示。登录窗口设置为固定的大小。底层容器 f 采用默认的边界布局方式,通过两个面板分为了两个区域:上方面板 pInput 是用户名和密码输入区域,此面板采用绝对布局方式;下方面板 pButton 是按钮区域,采用默认的流式布局方式。上方面板 pInput 放置在 f 的 BorderLayout. CENTER 区域,下方面板 pButton 放置在 f 的 BorderLayout. SOUTH 区域。

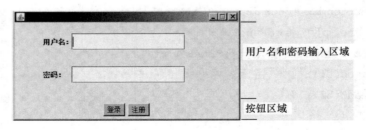

图 2.8.10　登录界面

【代码 8.7】 LoginFace 类

```java
1  public class LoginFace {
2
3      public void makeface() {
4          JFrame f = new JFrame();//底层容器
5
6          JLabel lName = new JLabel("用户名:");//用户名标签
7          JLabel lPass = new JLabel("密码:");//密码标签
8          JTextField tUsername = new JTextField();//用户名文本输入框
9          JPasswordField tPassword = new JPasswordField();//密码文本输入框
10         JButton bLogin = new JButton("登录");//"登录"按钮
11         JButton bRegist = new JButton("注册");//"注册"按钮
12
13         //用户名和密码的输入区域,采用绝对布局
14         JPanel pInput = new JPanel();
15         pInput.setLayout(null);//取消默认布局管理器,采用绝对布局
16         lName.setBounds(50, 20, 60, 30);//组件对象都要设置左上角坐标和宽度、高度
17         lPass.setBounds(50, 80, 60, 30);
18         tUsername.setBounds(100, 20, 200, 30);
19         tPassword.setBounds(100, 80, 200, 30);
20         pInput.add(lName);
21         pInput.add(lPass);
22         pInput.add(tUsername);
23         pInput.add(tPassword);
24
25         JPanel pButton = new JPanel();//按钮区域,用流式布局管理器
26         pButton.setLayout(new FlowLayout());
27         pButton.add(bLogin);
28         pButton.add(bRegist);
29         //将用户名和密码输入区域置于上方的大部分区域,将按钮区域置于下方窄长区域
30         f.add(pInput, BorderLayout.CENTER);
31         f.add(pButton, BorderLayout.SOUTH);
32
33         f.setSize(400, 200);
34         f.setResizable(false);//设置"登录"窗口的大小是不可变的
35         f.setVisible(true);//显示出"登录"窗口
36     }
37 }
```

在代码 8.7 中,第 14 行的用户名和密码输入区域是面板 pInput。第 15 行用 pInput.setLayout(null)取消了默认的布局管理器,采用了绝对布局方式。第 16 行到 19 行加入的 2

个标签和 2 个文本编辑框通过 setBounds(x, y, width, height) 设置放置的左上角坐标、组件宽度和高度。第 25 行的按钮区域是面板 pButton。第 26 行设置为流式布局管理器 FlowLayout,流式布局管理器是 JPanel 的默认布局管理器,这句也可以不写。第 30 行到 31 行的 pInput 加入容器 f 的中间,兼并了东西北,pButton 加入容器 f 的南,即呈现了登录界面的布局。

8.4 功能需求 2(聊天界面)

实现聊天界面(如图 2.8.11 所示)的要求:登录成功之后,进入聊天界面。

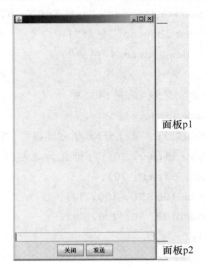

图 2.8.11 聊天界面

要求按照如下的布局:聊天记录区(上方大的文本区域)不允许编辑;当聊天窗口打开时,光标默认出现在消息输入框(按钮上方的文本框),这样方便输入。

8.5 实现参考 2(聊天界面)

底层窗口容器分为两个区域,采用边界布局方式,面板 p1 放入 BorderLayout.Center,面板 p2 放入 Borderlayout.South。面板 p1 采用边界布局方式,面板 p2 采用流式布局方式,放入两个按钮。

【代码 8.8】 "聊天"主类 Talk

```
1   public class Talk {
2
3       public static void main(String[] args) {
4           TalkFace talkFace = new TalkFace();
5           talkFace.makeface();
6       }
7   }
```

【代码 8.9】 TalkFace 类

```
1   public class TalkFace {
2       JButton bOk;
3       JButton bCancel
4       JTextField tMessage;
5       JTextArea tContent;
6
7       public void makeface() {
8           JFrame f = new JFrame();           //JFrame 默认布局管理器是
9                                              //边界布局管理器 BorderLayout
10          tMessage = new JTextField();       //输入信息框
11          tContent = new JTextArea();        //聊天记录区
12          JPanel p1 = new JPanel();          //面板 P1 采用边界布局管理器
13          p1.setLayout(new BorderLayout());
14          p1.add(tContent, BorderLayout.CENTER);   //聊天记录文本区在 p1 上方大部分区域
15          p1.add(tMessage, BorderLayout.SOUTH);    //信息输入框在 p1 下方窄条区域
16
17          bOk = new JButton("发送");
18          bCancel = new JButton("关闭");
19          JPanel p2 = new JPanel();          //JPanel 默认布局管理器是
                                               //流式布局管理器 FlowLayout
20          p2.add(bCancel);                   //p2 中以流式布局方式加入两个按钮
21          p2.add(bOk);
22
23          f.add(p1, BorderLayout.CENTER);    //p1 加入窗口上方大部分区域
24          f.add(p2, BorderLayout.SOUTH);     //p2 加入窗口下方窄条区域
25          f.setSize(400, 800);
26          f.setVisible(true);
27          tContent.setEditable(false);       //聊天记录区不允许编辑的
28          tMessage.requestFocus(true);       //窗口打开的时候,光标出现在
                                               //信息输入框,方便输入
29      }
30  }
```

8.6 知识点拓展:Java 组件类

构成 GUI 的组件类可以分为不同的组——容器类、辅助类、组件类等,可以用来实现不同的 GUI 界面。主要的 swing 包组件如表 2.8.1 所示。

表 2.8.1　swing 包组件分类

组件类别	组件名称	类
基本组件	按钮	JButton、JCheckBox、JRadioButton
	下拉列表框	JComboBox
	列表框	JList
	菜单	JMenu、JMenuBar、JMenuItem
	滑动条	JSlider
	工具栏	JToolBar
	文本区	JTextField、JPasswordField、JTextArea、JFormattedFiled
	标签	JLabel
	工具提示	JToolTip
	进度条	JProgressBar
特殊组件	表格	JTable
	文本编辑窗	JTextPane、JEditorPane
	树	JTree
	颜色选择器	JColorChooser
	文件选择器	JFileChooser
	数值选择器	JSpiner
顶层容器	窗口	JFrame
	Applet	JApplet
	对话框	JDialog、JOptionPane
节省空间的容器	滚动窗	JScrollPane
	拆分窗	JSplitPane
	选项卡窗	JTabbedPane
其他容器	面板	JPanel
	内部窗	JInternalFrame
	分层窗	JLayeredPane
	根窗口	JRootPane

容器类是指可以包含其他组件的类。容器类又分为顶层容器和非顶层容器。顶层容器可以独立存在,有边框,可以移动、放大、缩小、关闭等。swing 包的顶层容器主要有窗口类 JFrame、JApplet 和对话框类 JDialog。非顶层容器不能独立存在,必须放在顶层容器中才能显示,主要有 JPanel、JScrollPane、JToolBar 等。

在 java.awt 包中,除了组件类和容器类外,辅助类主要包括绘图类 Graphics、颜色类 Color、字体类 Font 和布局管理器类等。

相关的类请参考 API 文档自行拓展和使用。

练　习

1. 实现聊天工具的登录界面和聊天界面,尝试给出比参考程序更加完善的功能补充。

2. 实现一个计算器的界面（如图 2.8.12 所示）。

图 2.8.12 计算器的界面

第 9 章 版本二 实现按钮事件响应

9.1 功能需求 1(登录事件)

在登录界面中,若输入用户名"aaa"、密码"111",并单击"登录"按钮(或者在密码框中,输入完密码之后单击回车键),则控制台显示"登录",并打开聊天窗口;若单击"注册"按钮,则控制台显示"注册";如果用户名或者密码输入为空,则弹出出错信息窗,提醒用户"用户名、密码不得为空,请重新输入!"。

一般对于用户输入信息都要进行合法性检查,这里先简化对用户名和密码的合法性以及密码的安全级别的检查,只进行非空检查。

9.2 相关知识点:Java 事件处理

1. 事件和事件响应

用户通过界面向程序提出要求(如单击"登录"按钮),输入数据(如输入用户名、密码)等,程序则通过界面呈现信息给用户。

界面除了呈现信息给用户外,还需要响应用户在界面触发的事件,如用户单击了某个按钮,用户在输入框输入信息,用户选中了下拉列表中的某一行,等等。用户触发的每个事件都是一个事件对象,当有事件发生的时候,程序通过执行一段代码来给予响应。

Java 采用委托事件模型进行用户事件响应,就像在现实社会中盗窃事件委托给公安局,火灾事件委托给消防局一样。在 Java 中监听到用户事件对象后,就将事件对象传递给事件监听者,事件监听者根据事件类型调用相应的响应方法。

2. 事件响应编程

事件响应编程需要完成如下两步。

图 2.9.1 事件响应案例界面

(1)定义事件监听器类,并完成事件响应方法。

(2)创建监听器对象,将事件监听器对象注册在负责监听的组件对象上。

从下面的例子来学习事件响应编程:如图 2.9.1 所示,窗口中有两个按钮,单击"RED"按钮时,窗口背景变红色;单击"GREEN"按钮时,窗口背景变绿色。

【代码 9.1】 事件响应案例

```
1  public class Test9_1 {
```

```java
2      public static void main(String[] args) {
3          new Face().makeFace();
4      }
5  }
6
7  //实现了 ActionListener 监听器接口,Face 就成为监听器类,可以监听按钮单击等事件
8  class Face implements ActionListener{
9      JFrame frame;
10     JButton btn1,btn2;
11     JPanel panel;
12
13     public void makeFace(){
14         frame = new JFrame();
15         panel = new JPanel();
16
17         btn1 = new JButton("RED");
18         btn2 = new JButton("GREEN");
19
20         panel.add(btn1);//容器 panel 为流式布局管理器
21         panel.add(btn2);
22         frame.add(panel);
23
24         //按钮 btn1 注册监听器。监听器是当前类对象,所以用 this 指代
25         btn1.addActionListener(this);
26         //按钮 btn2 注册监听器。监听器是当前类对象,所以用 this 指代
27         btn2.addActionListener(this);
28
29         frame.setSize(500, 300);
30         frame.setVisible(true);
31     }
32
33     //实现接口 ActionListener 中的抽象方法 actionPerformed()
34     //这个方法是在监听到事件发生后自动调用的,方法体就是对事件的响应内容
35     //参数 e 就是监听到的事件对象
36     public void actionPerformed(ActionEvent e) {
37         String btnLabel = e.getActionCommand();//获得事件源按钮上面的标签
38         if(btnLabel.equals("RED")){//如果事件源按钮上的标签是"RED",
                                    //则窗口背景变红色
39             System.out.println("red");
40             panel.setBackground(Color.RED);
```

```
41            }else{//因为只有两个按钮,数据源按钮标签不是"RED"的话,窗口背景就变绿色
42                panel.setBackground(Color.GREEN);
43            }
44        }
45 }
```

事件响应编程的第一步是定义事件监听器类。一个类要成为事件监听器,需要满足 2 个条件。

(1) 实现某种监听器接口。

针对不同种类的事件,实现不同的监听器接口,监听器接口名字都以 Listener 结尾。各种监听器对应各自的响应方法(即接口中的抽象方法)。根据需要监听的事件种类,选择要实现哪个或哪些监听器。

ActionListener 用来监听按钮单击事件、在文本框中单击回车键事件、双击列表框中的选项事件或选中菜单项事件。在本例中,需要监听按钮单击事件。在代码 9.1 中,Face 类实现了 ActionListener 接口,成为监听器类,见第 8 行。

(2) 实现监听器接口对应的所有抽象方法。

一个类要实现某个接口,就必须实现接口中的所有抽象方法,不然,这个类就成了抽象类。另外,实现的事件监听器中的抽象方法是在事件发生的时候自动调用的,这些方法就是事件的响应方法,方法内容就是当事件发生时要做的响应内容。监听到的事件对象会通过参数传入响应方法。响应方法见代码 9.1 的第 36 行到第 44 行。

ActionListener 接口对应的响应方法是 actionPerformed(ActionEvent e),监听到的事件对象通过响应方法的参数 e 传过来。因为界面中有两个按钮,两个按钮由同一个监听器来监听,两个按钮中的任一个按钮被单击时,都会触发这个响应方法,所以,先要根据监听到的事件对象,了解事件源是哪个按钮。

String btnLabel = e.getActionCommand();//获得事件源按钮上面的标签

按钮上都有标签,通过 getActionCommand()方法可获得按钮上的标签,根据标签识别被按下的按钮是哪个,然后分别给予不同的响应操作。

事件响应编程的第二步是注册监听器对象,见代码 9.1 的第 25 行、第 27 行。将监听器对象注册给事件源后,事件源组件就处于监听状态,在监听到事件发生之后,就将事件对象传给响应方法去处理。

按钮单击事件的数据源是按钮,所以当前的两个按钮都要注册监听器对象。而监听器的类就是本类,所以在代码 9.1 中用 this 来指代监听器对象。

9.3　实现参考 1(登录事件)

代码 9.2-1　　　　代码 9.2-2

【代码 9.2】 LoginFace 类

```java
1  public class LoginFace implements ActionListener {  //实现监听器接口
2      JFrame f;    //将变量定义移到 makeface()方法的前面,因为在其他方法中要引用
3      JTextField tUsername;
4      JPasswordField tPassword;
5
6      public void makeface() {
7          f = new JFrame();                           //去掉类型名(定义移到了方法的前面)
8
9          Button bLogin = new Button("登录");
10         Button bRegist = new Button("注册");
11
12         tUsername = new JTextField();    //去掉类型名(定义移到了方法的前面)
13         tPassword = new JPasswordField();  //去掉类型名(定义移到了方法的前面)
14
15         bLogin.addActionListener(this);    //注册监听器
16         bRegist.addActionListener(this);
17         tPassword.addActionListener(this);
18
19         JPanel pInput = new JPanel();
20         pInput.setLayout(null);
21         JLabel lName = new JLabel("用户名:");
22         lName.setBounds(50, 20, 60, 30);
23         JLabel lPass = new JLabel("密码:");
24         lPass.setBounds(50, 80, 60, 30);
25         tUsername.setBounds(100, 20, 200, 30);
26         tPassword.setBounds(100, 80, 200, 30);
27         pInput.add(lName);
28         pInput.add(lPass);
29         pInput.add(tUsername);
30         pInput.add(tPassword);
31
32         JPanel pButton = new JPanel();
33         pButton.setLayout(new FlowLayout());
34         pButton.add(bLogin);
35         pButton.add(bRegist);
36
37         f.add(pInput, BorderLayout.CENTER);
38         f.add(pButton, BorderLayout.SOUTH);
39
```

```
40            f.setSize(400, 200);
41            f.setResizable(false);
42            f.setVisible(true);
43        }
44
45      public voidactionPerformed(ActionEvent e) {    //事件响应方法
46          //用户名或密码为空时,给出错误提示
47          if (tUsername.getText().trim().equals("")
48              || new String(tPassword.getPassword()).trim().equals(""))
49          { JOptionPane.showMessageDialog(f,"用户名密码不能为空","",
50              JOptionPane.WARNING_MESSAGE);
51            tUsername.requestFocus(true);
52          }else{
53              String str = e.getActionCommand();//获得事件源按钮上的标签
54              //如果按钮上的标签是"登录"或者是在密码输入框中单击回车键
55              if (str.equals("登录") || e.getSource() == tPassword ) {
56                System.out.println("登录");//此句用于测试
57                String username = tUsername.getText();
58                String password = new String(tPassword.getPassword());
58                //此处先简化登录检查,允许以下特定账号可以登录
60                if (username.equals("aaa") && password.equals("111")) {
61                  TalkFace talkFace = new TalkFace();//登录成功,即打开聊天窗口
62                  talkFace.makeface();
63                  f.setVisible(false);
64                  f.dispose();
65                }else{ //登录失败,打开错误提示消息窗
66                  JOptionPane.showMessageDialog(f,"对不起,登录失败");
67                  tUsername.setText("");
68                  tPassword.setText("");
69                  tUsername.requestFocus();
70                }
71              } else if (str.equals("注册")) { //按下"注册"按钮
72                System.out.println("注册");
73              }
74            }
75          }
76      }
```

注意,代码 9.2 相对于代码 8.7 的修改主要如下。

(1) 将"JFrame f;""JTextField tUsername;""JPasswordField tPassword;"三个组件的定义语句,从 makeFace()方法中移到方法的前面(见代码 9.2 的第 2 行、第 3 行、第 4 行),因为

这些组件对象不仅要在 makeFace()方法中引用,还要在 actionPerformed()方法中引用。

注意,在 makeFace()方法中,以上三个组件对象不能再重复定义(去掉类型名)。

(2) LoginFace 类实现了 ActionListener 监听器(见代码 9.2 的第 1 行),实现了 public void actionPerformed(ActionEvent e)抽象方法(第 45 行)。为两个按钮对象和密码输入框注册监听器(第 15、16、17 行)。这里的 ActionListener 监听器监听"登录"和"注册"按钮的单击事件,还有在密码输入框中单击回车键事件。

(3) 登录成功后,即打开聊天窗口,关闭登录窗口(代码的第 60 行到第 64 行)。现在,Talk 类不需要了,留下 3 个类:主类 Login 以及 LoginFace 类和 TalkFace 类。

9.4 功能需求 2(聊天事件)

(1) 在聊天窗口(TalkFace 类)中,当按下"发送"按钮或者在文本输入框中按下回车键时,输入文本框中的字符串会出现在上面的聊天历史文本框中。

(2) 在文本框中输入完信息,单击"发送"按钮后,就会清空文本输入框,为下次输入做准备。

9.5 实现参考 2(聊天事件)

【代码 9.3】 TalkFace 类

```
1   public class TalkFace implements ActionListener{
2       JButton bOk,bCancel;
3       JTextField tMessage;
4       JTextArea tContent;
5
6       public void makeface() {
7           JFrame f = new JFrame();
8
9           tMessage = new JTextField();
10          tContent = new JTextArea();
11          JPanel p1 = new JPanel();
12          p1.setLayout(new BorderLayout());
13          p1.add(tContent,BorderLayout.CENTER);
14          p1.add(tMessage, BorderLayout.SOUTH);
15
16          JButton bOk = new JButton("发送");
17          JButton bCancel = new JButton("取消");
18          JPanel p2 = new JPanel();
19          p2.add(bCancel);
20          p2.add(bOk);
```

```java
21
22          bOk.addActionListener(this);        //给"发送"按钮注册监听器
23          bCancel.addActionListener(this);//给"取消"按钮注册监听器
24          tMessage.addActionListener(this);//给输入文本框注册监听器,
25                                               //文本框中单击回车键会触发事件
26
27          f.add(p1, BorderLayout.CENTER);
28          f.add(p2, BorderLayout.SOUTH);
29          f.setSize(400, 800);
30          f.setVisible(true);
31          tContent.setEditable(false);
32          tMessage.requestFocus(true);
33      }
34
35      public void actionPerformed(ActionEvent e) {   //事件响应方法
36          Object source = e.getSource();          //获得事件源对象
37          if(source == bOk||source == tMessage){//事件源是"发送"按钮或者输入文本框
38              String message = tMessage.getText();//获得用户在输入框中输入的字符串
39              tContent.append("\n" + message);//将输入文本框中的字符串加入聊天记录框
40              tMessage.setText("");           //将输入文本框清空
41          }else{                                   //单击"取消"按钮
42              tMessage.setText("");
43          }
44      }
45  }
```

9.6 知识点拓展:各种事件接口

我们应了解常用的事件监听器接口对应的事件,以及相应的响应方法和触发条件,表2.9.1中列出的是最常用的几个,其他的可自行拓展。

表 2.9.1 常用的事件监听器接口对应的事件

事件	监听器接口	响应方法	触发条件
ActionEvent	ActionListener	actionPerformed(ActionEvent e)	按钮、菜单项、单选复选框、下拉列表项被单击,在文本框中单击回车键时
KeyEvent	KeyListener	keyPressed(KeyEvent e)	单击键盘上的按键时
		keyRelessed(KeyEvent e)	释放键盘上的按键时
		keyTyped(KeyEvent e)	单击键盘按键时

续表

事件	监听器接口	响应方法	触发条件
MouseEvent	MouseListener	mouseClicked(MouseEvent e)	单击鼠标时
		mouseEntered(MouseEvent e)	鼠标进入指定区域时
		mouseExited(MouseEvent e)	鼠标离开指定区域时
		mousePressed(MouseEvent e)	按下鼠标时
		mouseReleased(MouseEvent e)	松开鼠标时
	MouseMotionListener	mouseDragged(MouseEvent e)	拖动鼠标时
		mouseMoved(MouseEvent e)	移动鼠标时
WindowEvent	WindowListener	windowActivated(WindowEvent e)	激活窗口时
		windowClosing(WindowEvent e)	关闭窗口时
		windowClosed(WindowEvent e)	关闭窗口后
		windowDeactivated(WindowEvent e)	窗口失去焦点时
		windowDeiconified(WindowEvent e)	窗口从最小化还原为正常时
		windowIconified(WindowEvent e)	窗口最小化为图标时
		windowOpened(WindowEvent e)	打开窗口时

练 习

1. 完成本部分登录和聊天的功能,尝试给出比参考程序更加完善的功能补充。
2. 实现第 8 章练习中计算器的计算功能,如图 2.9.2 所示。单击的按钮内容会显示在上端的文本框中,按下的顺序如下:一个浮点数→一个运算符(+、-、×、/)→一个浮点数→"="。然后,运算结果会显示在上端的文本框中。

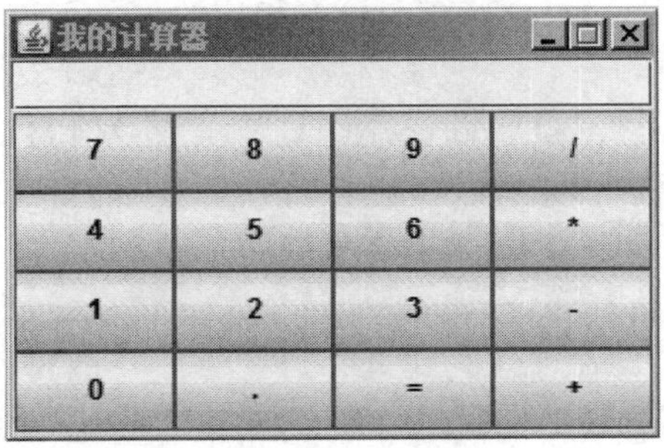

图 2.9.2 计算功能

第 10 章　版本三　将聊天内容存入本地的聊天记录文件

10.1　功能需求（聊天历史存盘）

（1）每次打开聊天窗口的时候，都将以前的聊天历史输出在聊天记录窗口中。

（2）在聊天界面，当单击"发送"按钮，或者在文本输入框中输入信息结束后单击回车键时，输入信息追加在磁盘聊天记录文件里。

（3）给聊天历史框加垂直滚动条，每次聊天历史框中添加新信息的时候，滚动条自动停留在最下边。

10.2　相关知识点：Java 文件的处理与输入输出

1. 文件

要永久保存数据，需要把数据保存在外设（如磁盘等）中，外存数据是以文件的方式来管理的。

对磁盘文件或者目录进行创建、删除、重命名，获得文件各项属性等操作可以用 File 类。首先创建 File 对象，然后调用 File 类中的方法对文件进行操作。例如，假设要将聊天记录存储在本机的"e:\\test\\qqrecord.txt"中（注意在双引号中要用双斜杠，转义字符'\\'代表的是一个斜杠）。首先用文件路径字符串创建文件对象 File，然后调用 exists()判断文件是否存在，如果文件不存在，则通过调用 createNewFile()在相应的目录下创建该文件（注意，磁盘上事先要有 e:\test 文件夹）。

```
File file = new File("e:\\test\\qqrecord.txt");//用文件路径字符串创建 File 对象
if(! file.exists()) {//如果文件不存在
    file.createNewFile();//创建磁盘文件
}
```

2. 文件的读写

程序将要存储的数据输出到文件叫作"写"。程序要处理文件的内容，必须先将文件的内容输入到内存，这个过程叫作"读"。用 Java 进行文件的输入输出是通过引用 java.io 包中的类来实现的。

在 Java 中，内存和外设（或者其他外设）之间的数据传递被看作沿着数据序列依次顺序的"流"，如图 2.10.1 所示。io 包中各种不同的"流"类大体上按照两种方式来分类：一是按照数据的处理单位（是字节还是字符）；二是按照输入、输出的方向。

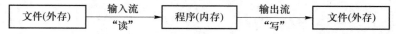

图 2.10.1　内存和外存之间的数据传递

以 Stream 结尾的类是字节流，以字节为处理单位，主要用于二进制文件的读写，如整型或浮点等类型的数据、文本、图片、音乐、视频等。以 InputStream 结尾的类是字节输入流，以 OutputStream 结尾的类是字节输出流。

以 Reader 结尾的类是字符输入流，以 Writer 结尾的是字符输出流。字符流用于以字符为单位的文本文件的读写。这里的聊天历史文件就是文本文件，所以用字符流来处理。

本质上，任何数据在计算机存储中都是二进制的，所以，字节流可以处理所有类型的文件，而字符流将每两个字节组合为一个字符，以字符作为单位，这样对字符文件处理起来更方便。

InputStream、OutputStream、Reader、Writer 这 4 个类将"流"类划分为四大类：字节输入流、字节输出流、字符输入流、字符输出流。这 4 个类是一系列具体输入输出流的基类，是子类的模板，规定了下层各"流"类需要提供的统一的可调用的 API，但是这 4 个类不能创建实际的对象，也不能用来作为实际的输入输出，它们是抽象类。io 包中的"流"类是比较多的，学习的时候，要注意分类和分层，先在结构上把握类之间的关系和区别，然后再了解类的使用细节。

这里提到抽象类的概念，我们通过一个现实中的例子来理解：把交通工具分为陆路工具、飞行工具、水路工具，这 3 个都是抽象概念（抽象类），规定了每种工具的主要特征，而可以实际采用的是它们的某种非抽象子类，例如，陆路工具的子类有汽车、火车、自行车等，飞行工具的子类有飞机、火箭、热气球等，水路工具的子类有轮船、木舟、潜水艇等。

我们先来看读写聊天历史文件的方法，聊天文件是文本文件，所以用字符流。在字符流里面的 FileReader 和 FileWriter 是可以直接和文件相联的。

```
FileReader fr = new FileReader("e:\\test\\qqrecord.txt");//创建字符输入流
FileWriter fw = new FileWriter("e:\\test\\qqrecord.txt",true);
                         //创建字符输出流，以追加方式（即写出的数据追加在文件尾）
```

fr 和 fw 是字符流对象，是以字符为单位的。我们在聊天时希望一行一行地输入和输出，而缓存流提供了一次输入输出一行的方法，所以以 fr 和 fw 为参数创建输入输出的字符缓存流。

```
FileReader fr = new FileReader("e:\\test\\qqrecord.txt");//创建字符输入流
BufferedReader br = new BufferedReader(fr);//创建缓存字符输入流

FileWriter fw = new FileWriter("e:\\test\\qqrecord.txt",true);
                                             //创建字符输出流，以追加方式
PrintWriter pw = new PrintWriter(fw, true);//创建缓存字符输出流
```

这样，br.readLine()就可以一次读入一行，pw.println("hello")就可以一次写出一行。这里的 BufferedReader 流和 BufferedWriter 流是不能直接和外设文件相联的，需要先通过 FileReader 和 FileWriter 和外设文件相联。这里是"装饰器设计模式"的一种应用，大家可以自行了解。

10.3 实现参考（聊天历史存盘）

【代码 10.1】 TalkFace 类

```
1  public class TalkFace implements ActionListener,WindowListener{
                                             //添加一个窗口监听器
```

```java
2          JButton bOk, bCancel;
3          JTextField tMessage;
4          JTextArea tContent;
5          JScrollPane scroll;    //带滚动条的面板
6
7          FileReader fr;
8          BufferedReader inFromFile;
9          FileWriter fw;
10         PrintWriter outToFile;
11
12         public TalkFace(){    //在构造方法中,创建与聊天历史磁盘文件相联的输入输出流
13
14             try {
15                 File file = new File("d:\\聊天记录.txt");
16                 if(! file.exists()){
17                     file.createNewFile();//如果文件不存在,就创建新文件
18                 }
19
20                 fr = new FileReader(file);    //创建文件输入流
21                 inFromFile = new BufferedReader(fr);
22
23                 fw = new FileWriter(file, true);//创建文件输出流
24                 outToFile = new PrintWriter(fw, true);
25
26             } catch (IOException e) {
27                 e.printStackTrace();
28             }
29         }
30
31         public void makeface() {
32             JFrame f = new JFrame();
33
34             tMessage = new JTextField();
35             tContent = new JTextArea();
36             scroll = newJScrollPane(tContent);//给聊天历史框加滚动条
37             JPanel p1 = new JPanel();
38             p1.setLayout(new BorderLayout());
39             p1.add(scroll, BorderLayout.CENTER);//加入带滚动条的聊天历史框
40             p1.add(tMessage, BorderLayout.SOUTH);
41
```

代码 10.1-1

代码 10.1-2

```java
42          bOk = new JButton("发送");
43          bCancel = new JButton("取消");
44          JPanel p2 = new JPanel();
45          p2.add(bCancel);
46          p2.add(bOk);
47
48          bOk.addActionListener(this);
49          bCancel.addActionListener(this);
50          tMessage.addActionListener(this);
51          f.addWindowListener(this);    //注册窗口监听器
52
53          f.add(p1, BorderLayout.CENTER);
54          f.add(p2, BorderLayout.SOUTH);
55          f.setSize(400, 600);
56          f.setVisible(true);
57          tContent.setEditable(false);
58          tMessage.requestFocus(true);
59
60          readRecord(); //读入聊天历史添加在聊天界面的聊天文本框中
61      }
62
63      private void readRecord() {
64          try {
65              while (inFromFile.ready()) {
66                  tContent.append(inFromFile.readLine() + "\n");
67              }
68          } catch (IOException e) {
69              e.printStackTrace();
70          }
71      }
72
73      public void actionPerformed(ActionEvent e) {
74          Object source = e.getSource();
75          if (source == bOk || source == tMessage) {
76              String message = tMessage.getText();
77              tContent.append("\n" + message);
78              tMessage.setText(" ");
79
80              outToFile.println(message);//将当前聊天信息写入聊天历史存盘文件
81          } else {
```

```java
82                  tMessage.setText("");
83              }
84          }
85          public void windowOpened(WindowEvent e) {
86
87          }
88          public void windowClosing(WindowEvent e) { //关闭聊天窗口时,关闭文件输入输出流
89              try {
90                  inFromFile.close();
91                  outToFile.close();
92                  fr.close();
93                  fw.close();
94              } catch (IOException e1) {
95                  e1.printStackTrace();
96              }
97          }
98          public void windowClosed(WindowEvent e) {
99
100         }
101         public void windowIconified(WindowEvent e) {
102
103         }
104         public void windowDeiconified(WindowEvent e) {
105
106         }
107         public void windowActivated(WindowEvent e) {
108
109         }
110         public void windowDeactivated(WindowEvent e) {
111
112         }
113 }
```

代码 10.1 的第 12 行提到一种特殊的方法,叫作构造方法。构造方法和其他一般的方法相比较,特殊之处为:第一,构造方法不是用来被显示调用的,构造方法只是在每次创建类的对象的时候被自动调用一次,所以一般把在对象创建的时候要做的初始化工作放在构造方法中;第二,这种方法的定义形式和其他方法是不同的,构造方法的方法名和类名相同(包括大小写),没有返回值。代码 10.1 的第 12 行定义了 TalkFace 类的构造方法,其中实现了与"聊天记录"磁盘文件的输入输出流的创建。该构造方法(在代码 9.2 的第 61 行)在"登录成功"后,创建 TalkFace 类对象的时候,自动调用一次。那么,在代码 9.2 的第 62 行中,调用 makeFace() 方法时就可以引用在之前构造方法中创建的输入输出流对象了。

请自行实现本章功能需求的第 3 点。

10.4 知识点拓展:I/O 类库

java.io 包中主要的"流"类如图 2.10.2 所示。

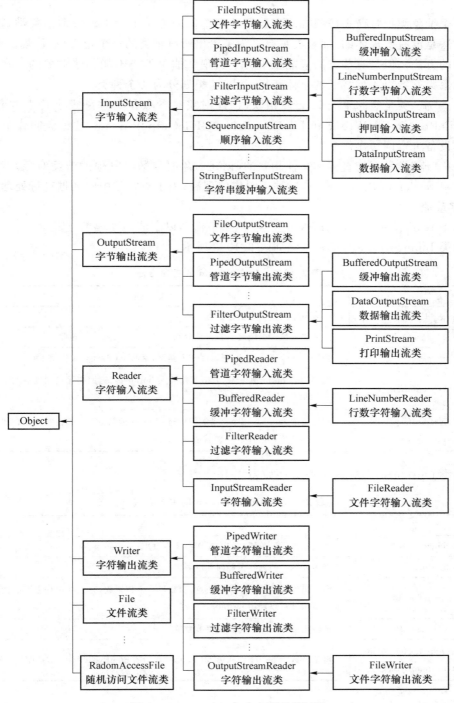

图 2.10.2 java.io 包中主要的"流"类

在 java.io 包中有 4 个基本抽象类,如表 2.10.1 所示。

表 2.10.1　4 个基本抽象类

输入/输出	字节流	字符流
输入流	InputStream	Reader
输出流	OutputStream	Writer

这 4 个抽象类把"流"类按照方向和数据处理单位分为 4 个种类。所谓抽象类,就是类中的有些方法是没有实现体的,抽象类主要是为了给出所有子类的一个定义模板(规定所有子类需要提供的方法),但是有些方法只能在子类中实现。抽象类是不能创建对象的。在这里,以上 4 个抽象类就给出 4 种"流"的总体特征,将"流"类划分为 4 个种类。

有一些"流"类是直接和外设文件相联(创建对象时参数是文件路径字符串或者文件对象),如 FileReader/FileWriter 和 FileInputStream/FileOutputStream,这种流叫作节点流,直接和外部设备进行读写操作。

有一些"流"类是不能直接和文件相联的(创建对象时参数是其他的流类对象),如上例中的 BufferedReader 和 PrintWriter,这种流叫作处理流,用于对"流"中的数据进行处理。

1. 字节流

InputStream、OutputStream 及其子类是"字节流",以字节为处理单位。

抽象类 InputStream 的主要方法如表 2.10.2 所示。

表 2.10.2　InputStream 的主要方法

方　法	描　述
int available()	输入流中可以读取的字节数
void close()	关闭输入流。关闭之后若再读取则会产生 IOException 异常
int read()	如果下一个字节可读,则返回一个整型,返回-1 时代表文件结束
int read(byte buffer[])	试图读取 buffer.length 个字节并放入 buffer 中,返回实际成功读取的字节数。返回-1 的时候代表文件结束
int read(byte buffer[], int offset, int numBytes)	试图读取 numBytes 个字节,并从数组 buffer 的第 offset 的位置开始存放。返回实际读取的字节数,返回-1 时代表文件结束

抽象类 OutputStream 的主要方法如表 2.10.3 所示。

表 2.10.3　OutputStream 的主要方法

方　法	描　述
void close()	关闭输出流。关闭后的写操作会产生 IOException 异常
void flush()	将缓冲区中的内容全部向外设写出
void write(int b)	向输出流写出单个字节。注意,参数是一个整型数,它允许设计者不必把参数转换成字节型就可以调用 write() 方法
void write(byte buffer[])	向输出流写出一个完整的字节数组
void write(byte buffer[], int offset, int numBytes)	将字节数组 buffer 中从第 offset 元素开始的 numBytes 个字节,顺序写入输出流

主要的字节流有如下几种。

(1) FileInputStream/FileOutputStream

字节流中的 FileInputStream/FileOutputStream 是直接和文件相联的节点流。

【代码 10.2】 实现把 e:\test\t1.jpg 拷贝为"e:\test\t2.jpg"

```java
public class Test10_2 {
    public static void main(String[] args) {
        int n;
        byte[] b = new byte[1000];//内存开辟长度1000的字节数组
        try {
            FileInputStream fis = new FileInputStream("e:\\test\\t1.jpg");
            FileOutputStream fos = new FileOutputStream("e:\\test\\t2.jpg");
            //从输入流fis读数据入数组b,返回值为实际读入的字节数n,
            //返回值为-1,代表文件读入结束
            while((n = fis.read(b))!= -1){
                //将内存数组b中从0下标开始的n个字节内容写出到输出流fos
                fos.write(b, 0, n);
            }
            fis.close();//关闭流
            fos.close();//关闭流
        } catch (FileNotFoundException e) {
            e.printStackTrace();
        } catch (IOException e) {
            e.printStackTrace();
        }
    }
}
```

【代码 10.3】 用另一种方式把 e:\test\t1.jpg 拷贝为 e:\test\t2.jpg

```java
public class Test10_3 {
    public static void main(String[] args) {
        try {
            FileInputStream fis = new FileInputStream("e:\\test\\t1.jpg");
            FileOutputStream fos = new FileOutputStream("e:\\test\\t2.jpg");

            int len = fis.available();//获取fis相联的文件的长度
            byte b[] = new byte[len];//按照读入文件的长度开辟字节数组

            fis.read(b);//b的长度和文件的长度一致,所以只需要读一次,不需要读多次
            fos.write(b);
            //对于大文件不适合这种方法,因为需要很大的内存区域
            fis.close();
```

```java
14              fos.close();
15          } catch (FileNotFoundException e) {
16              e.printStackTrace();
17          } catch (IOException e) {
18              e.printStackTrace();
19          }
20      }
21  }
```

(2) BufferedInputStream/BufferedOutputStream

BufferedInputStream/BufferedOutputStream 是缓存流,需要用节点流作为参数的处理流,不能直接和文件相联。缓存流提供数据缓存处理,只有当缓存区满了的时候,才从缓存区读入或者写出,这样可以减少 IO 次数,使得读写操作更加高效。写出时,数据有可能写入缓冲区,没有即刻写出到外设,可以用 flush() 将缓存区中的数据压入外设文件。流对象关闭的时候,会将缓冲区内容写入外设。

(3) DataInputStream/DataOutputStream

DataInputStream/DataOutputStream 是处理流,可以按照数据类型进行读写。

【代码 10.4】 DataInputStream/DataOutputStream 的使用案例

```java
1   public class Test10_4 {
2       public static void main(String[] args) {
3           try {//以节点流作为入口参数创建数据流
4               DataInputStream dis = new DataInputStream(new
5                                   FileInputStream("e:\\test\\a.dat"));
6               DataOutputStream dos = new DataOutputStream(new
7                                   FileOutputStream("e:\\test\\a.dat",true));
8               //数据流以数据类型为单位写入
9               dos.writeInt(2);
10              dos.writeDouble(3.14);
11              dos.writeUTF("hello");
12              //数据流以数据类型为单位读出,要和写入顺序一致
13              System.out.println(dis.readInt());
14              System.out.println(dis.readDouble());
15              System.out.println(dis.readUTF());
16          } catch (FileNotFoundException e) {
17              e.printStackTrace();
18          } catch (IOexception e) {
19              e.printStackTrace();
20          }
21      }
22  }
```

代码 10.4 的运行结果:

2
3.14
hello

2. 字符流

Reader、Writer 及其子类是"字符流",以字符为处理单位。

抽象类 Reader 的主要方法如表 2.10.4 所示。

表 2.10.4　Reader 的主要方法

方　　法	描　　述
abstract void close()	关闭输入源。关闭后的读取将会产生 IOException 异常
int read()	如果输入流的下一个字符可读,则读入并返回一个整数。返回-1 的时候代表文件结束
int read(char buffer[])	试图读取 buffer.length 个字符并放入 buffer 中。返回实际成功读取的字符数,返回-1 的时候代表文件结束
abstract int read(char buffer[], int offset, int numChars)	试图读取 numBytes 个字符放入,并从数组 buffer 的第 offset 的位置开始存放。返回实际读取的字符数,返回-1 的时候代表文件结束
boolean ready()	如果该流可以读入,则返回 true,否则返回 false

抽象类 Writer 的主要方法如表 2.10.5 所示。

表 2.10.5　Writer 的主要方法

方　　法	描　　述
abstract void close()	关闭输出源。关闭后的写出操作将会产生 IOException 异常
void write(int ch)	向输出流写入单个字符。注意,参数是一个整型,它允许设计者不必把参数转换成字符型就可以调用 write()方法
void write(char buffer[])	向一个输出流写一个完整的字符数组
abstract void write(char buffer[], int offset, int numChars)	将字符数组 buffer 中从第 offset 个元素开始的 numBytes 个字符,顺序写入流出流
void write(String str)	向输出流写出一个字符串
void write(String str, int offset, int numChars)	向输出流写出字符串中从下标 offset 为起点的长度为 numChars 个字符的内容
abstract void flush()	将缓冲区中的内容全部写出

主要的字符流有如下几种。

(1) FileReader/FileWriter

字符流中的 FileReader/FileWriter 是直接和文件相联的节点流。

【代码 10.5】　通过 FileReader/FileWriter 把 c:\test\a.txt 拷贝为 c:\test\b.txt

```
1  public class Test10_5{
2      public static void main(String[] args) {
3          try {
4              FileReader fr = new FileReader("c:\\test\\a.txt");
5              FileWriter fw = new FileWriter(new File("c:\\test\\b.txt"));
```

```
6              char[] c = new char[1000];
7              int n;
8              while((n = fr.read(c))!= -1){
9                  fw.write(c,0,n);
10                 fw.flush();
11             }
12             fr.close();
13             fw.close();
14         } catch (FileNotFoundException e) {
15             e.printStackTrace();
16         } catch (IOException e) {
17             // TODO Auto-generated catch block
18             e.printStackTrace();
19         }
20     }
21 }
```

(2) BufferedReader/BufferedWriter

BufferedReader/BufferedWriter 是缓存流，需要用节点流作为参数的处理流，不能直接和文件相联。缓存流提供数据缓存处理，这样可以减少 IO 次数，使得读写操作更加高效。BufferedReader 提供了 readLine()方法，可以一次读入一行。写出时，数据有可能写入缓冲区，没有即刻写出到外设，可以用 flush()将缓冲区中的数据压入外设文件。流对象关闭时，会将缓冲区内容写入外设。

【代码 10.6】 用 BufferedReader/BufferedWriter 把 e:\test\a.txt 拷贝为 e:\test\b.txt

```
1  public class Test10_6 {
2      public static void main(String[] args) {
3          String str ;
4          try {
5              BufferedReader buf = new BufferedReader(new FileReader("e:\\test\\a.txt"));
6              BufferedWriter bw = new BufferedWriter(new FileWriter("e:\\test\\b.txt",true));
7              //FileWriter 构造方法中的 true 是设定以追加方式写入
8              while((str = buf.readLine())!= null){//一次读一行,但不读换行符
9                                                   //读到 null 代表文件结束
10                 System.out.println(str);
11                 bw.write(str);
12                 bw.newLine();//要自己写入换行
13             }
14             bw.flush();
15             buf.close();
16             bw.close();
```

```
17          } catch (FileNotFoundException e) {
18              e.printStackTrace();
19          } catch (IOException e) {
20              e.printStackTrace();
21          }
22      }
23  }
```

缓存输出字符流(很多时候会用 PrintWriter 类)提供了 println()方法,用于一次输出一行字符串,并在构造方法里提供了参数,用来设定自动刷新,这样写入缓存流的数据会自动写出外设文件,不需要调用 flush()。

【代码 10.7】 用 PrintWriter 类替换 BufferedWriter 类,实现代码 10.6

```
1   public class Test10_7 {
2       public static void main(String[] args) {
3           String str;
4           try {
5               BufferedReader buf = new BufferedReader(new FileReader("e:\\test\\a.txt"));
6               PrintWriter pw = new PrintWriter ("e:\\test\\b.txt",true),true);
7               //FileWriter 构造方法中的 true 设定以追加方式写入
8               //PrintWriter 构造方法中的 true 设定自动刷新
9               while((str = buf.readLine())!= null){
10                  pw.println(str);//写出一行,并换行
11              }
12          } catch (FileNotFoundException e) {
13              e.printStackTrace();
14          } catch (IOException e) {
15              e.printStackTrace();
16          }
17      }
18  }
```

3. 字符流和字节流的转换流

InputStreamReader/OutputStreamWriter 这一对类名既有 Stream(字节流),又有 Reader/Writer(字符流),可以实现在字符流和字节流之间的转换。

OutputStreamWriter 可将输出的字符流变为字节流,即将一个字符流的输出对象变为字节流的输出对象。例如,在聊天工具中我们输入的是字符串,这些字符串要通过网络发送出去,而数据在网络上是以字节流的形式传递的,所以需要将字符流转换为字节流。

InputStreamReader 可将输入的字节流变为字符流,即将一个字节流的输入对象变为字符流的输入对象。例如,在聊天工具中,只有把网络传来的字节流转换为字符流,我们才可以看到对方发给我们的字符串,这就需要把字节流转换为字符流。

InputStreamReader/OutputStreamWriter 这一对流也叫作转换流,典型的应用场景有通过网络传递字符串等,字符串通过网络传递时是以字节流的方式,发出的时候需要将字符串转

换为字节流,接收的时候需要将字节流转换为字符串这在第 11 章就会用到。

【代码 10.8】 InputStreamReader/OutputStreamWriter 使用案例

```java
public class Test10_8 {
    public static void main(String[] args) {
        try {
            //以字节流和文件建立连接,然后转换为字符流 fr
            InputStreamReader fr = new InputStreamReader(
                        newFileInputStream("c:\\test\\a.txt"));
            char[] c = new char[100];
            int n;
            String str;
            while((n = fr.read(c))!= -1)
            {
                str = new String(c,0,n);
                System.out.println(str); //将从文件读入的字符串输出在控制台
            }
            fr.close();
        } catch (FileNotFoundException e) {
            e.printStackTrace();
        } catch (IOException e) {
            e.printStackTrace();
        }
    }
}
```

4. File 类

File 类是 IO 包中代表磁盘文件本身的类,File 类定义了一些与平台无关的方法来操作文件,通过调用 File 类提供的各种方法,能够完成创建、删除文件,重命名文件,判断文件的读写权限,判断文件是否存在,查询文件的最近修改时间等操作。

【代码 10.9】 File 类的使用案例 1

```java
import java.io.File;
public class Test10_9 {
    public static void main(String[] args) {
        File f = new File("c:\\1.txt");
        if (f.exists())
            f.delete();
        else
            try {
                f.createNewFile();
            } catch (Exception e) {
                System.out.println(e.getMessage());
```

```
12              }
13          //取得文件名
14          System.out.println("文件名:" + f.getName());
15          //取得文件路径
16          System.out.println("文件路径:" + f.getPath());
17          //得到绝对路径名
18          System.out.println("绝对路径:" + f.getAbsolutePath());
19          //得到父文件夹名
20          System.out.println("父文件夹名称:" + f.getParent());
21          //判断文件是否存在
22          System.out.println(f.exists()?"文件存在":"文件不存在");
23          //判断文件是否可写
24          System.out.println(f.canWrite()?"文件可写":"文件不可写");
25          //判断文件是否可读
26          System.out.println(f.canRead()?"文件可读":"文件不可读");
27          // 判断是否是目录
28          System.out.println(f.isDirectory()?"是":"不是" + "目录");
29          //判断是否是文件
30          System.out.println(f.isFile()?"是文件":"不是文件");
31          //是否是绝对路径名称
32          System.out.println(f.isAbsolute()?"是绝对路径":"不是绝对路径");
33          //文件的长度
34          System.out.println("文件大小:" + f.length() + " Bytes");
35      }
36  }
```

代码10.9的运行结果：
文件名:1.txt
文件路径:e:\test\1.txt
绝对路径:e:\test\1.txt
父文件夹名称:e:\test
文件不存在
文件不可写
文件不可读
不是目录
不是文件
是绝对路径
文件大小:0 Bytes

【代码10.10】 File类的使用案例2

```
1  import java.io.File;
2
```

```java
3   public class Test10_10 {
4
5       public static void main(String[] args) {
6           listFile(new File("e:\\test"));
7           deleteFile(new File("e:\\test"));
8       }
9
10      //列出文件和文件夹下的文件(递归实现)
11      public static void listFile(File file) {
12          File[] files = file.listFiles();
13          for (File f : files) {
14              if (f.isFile()) {
15                  System.out.println(f.getAbsolutePath());
16              } else// 目录
17              {
18                  System.out.println(f.getAbsolutePath());
19                  listFile(f);// 递归调用
20              }
21          }
22      }
23
24      //文件和子目录的删除(递归实现)
25      public static void deleteFile(File file)// 删除文件,目录必须为空,才能删除目录
26      {
27          if (file.isDirectory()) {
28              File[] files = file.listFiles();
29              {
30                  for (File f : files) {
31                      if (f.isFile()) {
32                          f.delete();
33                      } else if (f.isDirectory()) {
34                          deleteFile(f);
35                      }
36                  }
37              }
38          }
39          file.delete();
40      }
41  }
```

代码10.10的运行结果是,首先列出e:\test中所有的文件和文件夹,然后删除e:\test中

所有的内容和它本身(测试程序的时候要当心,这个文件夹会被删除!)。

练 习

1. 完成聊天工具的读写聊天历史文件的功能部分。

2. 自学 SequenceInputStream 类,用 SequenceInputStream 类把两个文本文件的内容合并到一个文本文件中。

3. 自学 FileFilter 类,实现将一个文件夹及其子文件夹中所有扩展名为"java"的文件名都列出来。

第 11 章　版本四 连接服务器登录

11.1　功能需求 1(联网登录)

(1) 登录界面将用户名、密码传给服务器,服务器进行用户审核,如果通过审核就发送"loginOK"给客户端,否则就发送"loginNO"给客户端。(这里的用户审核先简化,用一个固定的用户名和密码来登录,例如,使用用户名"aaa"和密码"111"即可登录。)

(2) 若客户端收到"loginOK",则关闭登录界面,打开聊天界面。

(3) 若客户端收到"loginNO",则弹出出错信息提示窗,说明用户名或者密码错误,并清空用户名和密码输入框,光标停在用户名输入框。

11.2　相关知识点:Java 网络编程、TCP 实现

1. IP 地址

对于网络编程来说,要进行计算机和计算机之间的通信时,首要的问题就是如何找到网络上的计算机,这就需要了解 IP 地址的概念。

为了能够方便地识别网络上的每个设备,网络中的每个设备都会有一个唯一的数字标识,这个就是 IP 地址。在计算机网络中,命名 IP 地址的 IPv4 协议规定每个 IP 地址由 4 个 0~255 之间的数字组成,如 10.0.120.34。每个接入网络的计算机都拥有唯一的 IP 地址,就像每个手机都有一个手机号码一样。所以,连接一部计算机前,要先知道那部计算机的 IP 地址。

有一个特殊的 IP 地址"127.0.0.1",这个 IP 地址代表"自己",也就是本机。当计算机 a 上的一个程序要连接本机的另一个程序时,两个程序都在计算机 a 上运行,也就是要连接的计算机就是自己,这个时候可以不写计算机 a 的实际 IP 地址,只需要写 127.0.0.1 即可。

2. 端口

IP 地址很好地解决了如何在网络中找到一部计算机的问题。由于一台计算机可以同时运行多个程序,所以,当要连接一台计算机时,不仅仅要给出 IP 地址来确认连接的是哪台计算机,还要区分要连接这部计算机上的哪个程序。

一台机器上运行的每个程序都用一个整数来代表,叫作端口号,(1 024 以下的端口号为系统保留,用户应用程序设置的端口号要大于 1 024,小于 65 535)。

在进行网络通信交换时,先通过 IP 地址查找到该台计算机,然后通过端口号找到这台计算机上的某个程序,这样就可以和某台计算机上的某个程序进行通信了。

3. 客户端和服务器

网络通信基于"请求-响应"模式,有服务器端程序和客户端程序两种。

服务器端程序首先启动运行,在运行的过程中,处于循环监听的状态,等待客户端程序对

它的连接请求,一旦收到连接请求,就建立网络连接,连接成功之后就可以双向传递数据。这种首先启动、一直处于被动监听的程序叫作服务器端程序。

客户端程序在启动运行的时候主动地向某个 IP 地址的某个端口号的程序(服务器端程序)发起请求,在建立网络连接后,就进行双向的数据传递。这类程序叫作客户端程序。

例如,当我们登录某个公共的社交软件时,在我们自己机器上运行的都是客户端程序,我们登录的时候,就是在主动地向服务器端发送请求,当登录成功时,就可以传递数据了,而服务器端程序运行在此社交软件提供方的服务器端上。

4．网络通信方式

在现有的网络中,网络通信方式主要有两种。

(1) TCP(传输控制协议)方式。

(2) UDP(用户数据报协议)方式。

TCP 通信方式又叫作基于连接的网络通信方式。这种通信方式类似于打电话,首先要建立二者之间的通路,然后再进行数据传递。

UDP 通信方式又叫作基于非连接的网络通信方式。这种通信方式类似于发邮包,首先在发送的数据报上标明目的地址,然后将其发送到网络上,网络中的各个网络设备根据发送的目的地址进行转发。

在网络通信中,使用 TCP 通信方式进行网络通信时,需要建立专门的虚拟连接,然后才能进行可靠的、有序的数据传输,如果数据发送失败,则客户端会自动重发该数据。使用 UDP 通信方式进行网络通信时,不需要建立专门的虚拟连接,传输也不是很可靠,如果数据发送失败,则客户端无法获得该数据。

这两种传输方式都用于实际的网络编程,重要的数据一般使用 TCP 通信方式进行数据传输,而大量非核心、容错性比较高的数据则通过 UDP 通信方式进行传递,在一些程序中会结合使用这两种方式进行数据的传递。

这里我们采用 TCP 通信方式。

5．TCP 通信方式的实现

TCP 通信方式的示意图如图 2.11.1 所示。

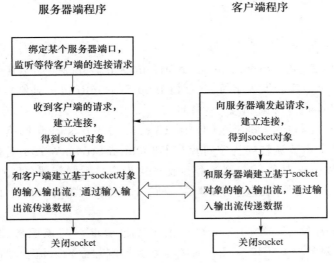

图 2.11.1　TCP 通信方式的示意图

(1) 服务器端程序

绑定端口→监听等待客户端的连接请求→收到请求→建立连接→获得 socket 对象→基于该 socket 对象与客户端建立输入流和输出流→两端通信→关闭连接。

【代码 11.1】 TCP 通信方式服务器端的实现

```java
1   public class Server {
2       public static void main(String[] args) {
3           try {
4               ServerSocket service = new ServerSocket(6000);//绑定 6000 号端口
5               System.out.println("6000 端口处于监听…");
6               Socket socket = service.accept();//在 6000 端口循环等待监听,
7                                                //直到获得和客户端的 socket 连接
8               System.out.println("接收的客户端" + socket.getInetAddress().
9                       getHostAddress() + "的访问");//显示当前连接的客户端的地址
10
11              //基于 socket 对象建立输入输出流:
12              BufferedReader in = new BufferedReader(new InputStreamReader(
13                      socket.getInputStream()));
14              PrintWriter out = new PrintWriter(new OutputStreamWriter(
15                      socket.getOutputStream()),true);
16
17              out.println("hello!");//向对方写出字符串
18              System.out.println(in.readLine());
                                //从对方接收一行字符串,然后显示在屏幕上
19              socket.close();
20          } catch (IOException e) {
21              e.printStackTrace();
22          }
23      }
24  }
```

在代码 11.1 第 12 行中,socket.getInputStream()先在 socket 网络连接对象上获得输入字节流,然后将这个字节流转换为字符流(创建 InputStreamReader 对象),最后将其转换为缓存流(创建 BufferedReader 对象 in)。

在代码 11.1 第 14 行中,socket.getOutputStream()先在 socket 网络连接对象上获得输出字节流,然后将这个字节流转换为字符流(创建 OutputStreamWirter 对象),最后其转换为缓存流(创建 PrintWriter 对象 out,第二个参数 true 设定自动刷新缓存区)。

以上创建输入输出流是"装饰器模式"的一种实体应用,大家可以自行了解。

(2) 客户端程序

向某个 IP 地址的服务器端的某个端口程序发起请求→与该服务器端的该端口建立连接→获得 socket 对象→基于该 socket 对象与服务器端建立输入流和输出流→两端通信→关闭连接。

【代码 11.2】 TCP 通信方式客户端的实现

```
1  public class Client {
2      public static void main(String[] args) {
3          try {
4              //向本机的 6000 端口发起连接请求
5              Socket socket = new Socket("127.0.0.1",6000);
6              //在和服务器获得的 socket 连接上建立输入输出流：
7              BufferedReader in = new BufferedReader(new InputStreamReader(
8                  socket.getInputStream()));
9              PrintWriter out = new PrintWriter(new OutputStreamWriter(
10                 socket.getOutputStream()),true);
11
12             System.out.println(in.readLine());//从对方接收一行字符串,输出在屏幕上
13             out.println("hello,server");//向对方写出字符串
14             socket.close();//关闭连接
15
16         } catch (IOException e) {
17             e.printStackTrace();
18         }
19     }
20 }
```

可以看到,客户端在 socket 对象上建立其与服务器端的输入输出流,和服务器端是一样的,见代码 11.2 的第 7 行和第 9 行。注意,服务器和客户端的输入输出操作要匹配,服务器首先发送"hello"给客户端,那么客户端首先接收字符串,然后服务器端接收字符串,客户端发送字符串"hello,server"给服务器端。可以看到,客户端发送的字符串由服务器端接收并输出在服务器端的控制台上;服务器端发送的字符串由客户端接收并输出在客户端的控制台上。

11.3 实现参考 1(联网登录)

现在需要为服务器端和客户端各写一个独立运行的程序。

1. 客户端

Login 类、TalkFace 类保持不变。

【代码 11.3】 LoginFace 类

```
1  public class LoginFace implements ActionListener {
2      JFrame f;
3      JTextField tUsername;
4      JPasswordField tPassword;
5
6      BufferedReader inFromServer;
7      PrintWriter outToServer;
```

代码 11.3-1

代码 11.3-2

```java
8
9       public LoginFace(){//在构造方法中,和服务器建立连接,并创建和服务器的 IO 流
10          try {
11              Socket socket = new Socket("127.0.0.1", 8000);
12
13              inFromServer = new BufferedReader(new InputStreamReader(
14                      socket.getInputStream()));
15              outToServer = new PrintWriter(new OutputStreamWriter(
16                      socket.getOutputStream()), true);
17
18          } catch (Exception e) {
19              JOptionPane.showMessageDialog(null,"联网失败!");
20              System.exit(0);
21          }
22      }
23
24      public void makeface() {
25          f = new JFrame();
26
27          JButton bLogin = new JButton("登录");
28          JButton bRegist = new JButton("注册");
29
30          tUsername = new JTextField();
31          tPassword = new JPasswordField();
32
33          bLogin.addActionListener(this);
34          bRegist.addActionListener(this);
35          tPassword.addActionListener(this);
36
37          JPanel pInput = new JPanel();
38          pInput.setLayout(null);
39          JLabel lName = new JLabel("用户名:");
40          lName.setBounds(50, 20, 60, 30);
41          JLabel lPass = new JLabel("密码:");
42          lPass.setBounds(50, 80, 60, 30);
43          tUsername.setBounds(100, 20, 200, 30);
44          tPassword.setBounds(100, 80, 200, 30);
45          pInput.add(lName);
46          pInput.add(lPass);
47          pInput.add(tUsername);
```

```java
48          pInput.add(tPassword);
49
50          JPanel pButton = new JPanel();
51          pButton.setLayout(new FlowLayout());
52          pButton.add(bLogin);
53          pButton.add(bRegist);
54
55          f.add(pInput, BorderLayout.CENTER);
56          f.add(pButton, BorderLayout.SOUTH);
57
58          f.setSize(400, 200);
59          f.setResizable(false);
60          f.setVisible(true);
61      }
62
63      public void actionPerformed(ActionEvent e) {
64          //用户名或密码为空
65          if (tUsername.getText().trim().equals("")
66                  || new String(tPassword.getPassword()).trim().equals(""))
67          { JOptionPane.showMessageDialog(f,"用户名密码不能为空","",
68                  JOptionPane.WARNING_MESSAGE);
69              tUsername.requestFocus(true);
70          } else {
71              String str = e.getActionCommand().trim();// 获得事件源按钮上的标签
72
73              String username = tUsername.getText();
74              String password = new String(tPassword.getPassword());
75
76              // 如果按钮上的标签是"登录"或者在密码输入框中按下回车键
77              if (str.equals("登录") || e.getSource() == tPassword) {
78                  System.out.println("登录");// 此句用于测试
79                  //将用户名和密码拼接为一个字符串,发送给服务器:
80                  outToServer.println("login@" + username + "@" + password);
81                  try {   //获得服务器对登录操作的应答:
82                      String answer = inFromServer.readLine();
83                      //如果服务器应答为"loginOK",登录成功
84                      if (answer.equals("loginOK")) {
85                          TalkFace talkFace = new TalkFace();
86                          talkFace.makeface();
87                          f.setVisible(false);
```

```
88                        f.dispose();
89                    } else {    //如果服务器应答为"loginNO",登录失败
90                        JOptionPane.showMessageDialog(f,"对不起,登录失败");
91                        tUsername.setText("");
92                        tPassword.setText("");
93                        tUsername.requestFocus();
94                    }
95                } catch (IOException e1) {
96                    e1.printStackTrace();
97                }
98            } else if (str.equals("注册")){
99                System.out.println("注册");
100           }
101        }
102    }
103 }
```

创建和服务器端的网络连接这个功能是需要在打开登录界面的时候就要完成的,并且只需要执行一次。这里把创建网络连接的语句写在构造方法中,见代码 11.3 的第 9 行。构造方法是类中的一种特殊方法:第一,构造方法的方法名和类名一模一样,并且没有返回值;第二,构造方法是在创建这个类的对象时,自动调用的也就是说,代码 11.3 的第 9 行开始的构造方法是在创建 new LoginFace()时自动调用的,new LoginFace()在 Login 类中。

在构造方法里写的就是客户端和服务器创建网络连接的内容。这部分内容是在创建 LoginFace 类的对象时自动调用构造方法的时候执行的,而且只执行一次。

当用户单击"登录"按钮时,客户端将用户输入的用户名和密码发送给服务器端进行登录验证。这里串接了一个字符串:"longin@用户名@密码",见代码 11.3 的第 80 行。特殊符号"@"将字符串分成三部分:第一部分是功能字符串(说明当前是在登录);第二部分是用户名;第三部分是密码。服务器端收到字符串后,再用"@"将字符串拆分为三部分,服务器端根据功能字符串,对用户名和密码进行登录检查。

服务器端进行登录检查后,将登录成功与否的回复发送给客户端,客户端进行接收。如果服务器回复的字符串是"loginOK",客户端就打开聊天界面,关闭登录界面;如果服务器回复的字符串是"loginNO",客户端就给出登录失败的提示窗,清空用户名和密码输入框,等待重新登录,见代码 11.3 的第 82 行到第 94 行。

2. 服务器端

服务器端程序是和客户端程序无关的,是单独运行的。现在新增加服务器端程序 Server 类。

服务器端首先绑定某个固定的端口号(本例端口号用 8 000 号,见代码 11.4 的第 4 行),在此端口等待监听,并等待客户端发来的网连连接请求,一旦收到客户端请求并成功建立连接,即获得和此客户端的连接对象 socket,见代码 11.4 的第 7 行。然后,在此 socket 对象的基础上建立服务器端和此客户端之间的输入输出流,见代码 11.4 的第 11 行到第 14 行。

代码 11.4 的第 16 行接收客户端发来的用户名和密码字符串,第 17 行到第 19 行将接收

到的字符串用"@"分割,得到一个字符串数组。分割得到的第 0 部分是功能字符串,分割得到的第 1 部分是用户名,分割得到的第 2 部分是密码(在这里用户名和密码本身是不允许包含"@"的)。

登录检查时,需要将得到的用户名和密码与已注册的用户账号进行匹配,而注册的用户信息是需要存储在文件或者数据库中的(一般是数据库)。当前我们先简化登录验证的部分,用一个单一的用户名和密码来模拟用户登录检查,见代码 11.4 的第 21 行到第 26 行。

【代码 11.4】 新增 Server 类

```
1  public class Server {
2      public static void main(String[] args) {
3          try {
4              ServerSocket service = new ServerSocket(8000);
5              System.out.println("服务器在 8000 端口监听......");
6
7              Socket socket = service.accept();
8              System.out.println("与客户端"
9                      + socket.getInetAddress().getHostAddress() + "建立连接。");
10
11             BufferedReader in = new BufferedReader(new InputStreamReader(
12                     socket.getInputStream()));
13             PrintWriter out = new PrintWriter(new OutputStreamWriter(
14                     socket.getOutputStream()), true);
15
16             String str = in.readLine();  // 接收客户端发来的信息
17             String op = str.split("@")[0];  // 用"@"分拆,第 0 部分是信息类型
18             String username = str.split("@")[1];
                                            // 用"@"分拆,第 0 部分是用户名
19             String password = str.split("@")[2];
                                            // 用"@"分拆,第 1 部分是密码
20
21             if (op.equals("login")) {         // 登录操作
22                 if (username.equals("aaa") && password.equals("111")) {
                                                  // 简化登录检查
23                     out.println("loginOK");    // 登录成功回复
24                 } else {
25                     out.println("loginNO");    // 登录失败回复
26                 }
27             } else {// 注册操作
28             }
29         } catch (IOException e) {
30             e.printStackTrace();
```

```
31        }
32      }
33   }
```

11.4　功能需求2(发送聊天信息到服务器)

(1)当客户端登录成功时,打开聊天界面,聊天界面标题栏显示当前用户的用户名。

(2)当用户单击发送按钮时,将用户在聊天信息输入框中输入的聊天内容发送到服务器,服务器将接收到的聊天内容显示在控制台上。

11.5　实现参考2(发送聊天信息到服务器)

客户端登录时,在LoginFace类中和服务器端建立网络连接,获得网络连接对象socket,在登录成功后,客户端将打开聊天界面(TalkFace类),然后通过TalkFace类和服务器传递信息。

一个客户端和服务器端只有一个网络连接对象socket。如果客户端程序有多个类要和服务器端进行通信,那么客户端中多个类之间共享同一个socket对象,如图2.11.2所示。

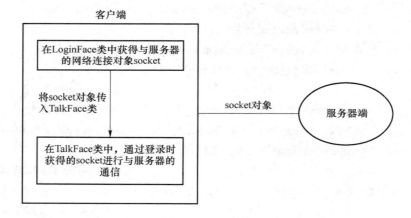

图2.11.2　客户端与服务器端的socket连接方式

在TalkFace类中,要和服务器端进行通信,需要在LoginFace类中获得当前客户端与服务器端的网络连接对象,并且还需要当前客户端用户的username。所以,在创建聊天类TalkFace类时,需要将LoginFace类中的username和socket对象传入TalkFace类。

也可以不传递socket对象,而是把基于socket对象的输入流、输出流对象从LoginFace类传入TalkFace类,利用TalkFace类的构造方法来接收输入、输出流的对象和username,见代码11.5的第88行,这需要给TalkFace类添加一个有3个参数的构造方法,见代码11.6的第18行。

Login类:保持不变。

代码11.5、11.6和11.7-1

代码11.5、11.6和11.7-2

【代码 11.5】 LoginFace 类

```
1   public class LoginFace implements ActionListener {
2       JFrame f;
3       JTextField tUsername;
4       JPasswordField tPassword;
5
6       BufferedReader inFromServer;
7       PrintWriter outToServer;
8
9       Socket socket; //将 socket 定义从构造方法中移到这里,为了在其他方法中访问
10
11      public LoginFace() {
12          try {
13              socket = new Socket("127.0.0.1", 8000); //取消 socket 在这里的定义
14
15              inFromServer = new BufferedReader(new InputStreamReader(
16                  socket.getInputStream()));
17              outToServer = new PrintWriter(new OutputStreamWriter(
18                  socket.getOutputStream()), true);
19
20          } catch (Exception e) {
21              JOptionPane.showMessageDialog(null, "联网失败!");
22              System.exit(0);
23          }
24      }
25
26      public void makeface() {
27          f = new JFrame();
28
29          JButton bLogin = new JButton("登录");
30          JButton bRegist = new JButton("注册");
31
32          tUsername = new JTextField();
33          tPassword = new JPasswordField();
34
35          bLogin.addActionListener(this);
36          bRegist.addActionListener(this);
37          tPassword.addActionListener(this);
38
39          JPanel pInput = new JPanel();
```

```java
40          pInput.setLayout(null);
41          JLabel lName = new JLabel("用户名:");
42          lName.setBounds(50, 20, 60, 30);
43          JLabel lPass = new JLabel("密码:");
44          lPass.setBounds(50, 80, 60, 30);
45          tUsername.setBounds(100, 20, 200, 30);
46          tPassword.setBounds(100, 80, 200, 30);
47          pInput.add(lName);
48          pInput.add(lPass);
49          pInput.add(tUsername);
50          pInput.add(tPassword);
51
52          JPanel pButton = new JPanel();
53          pButton.setLayout(new FlowLayout());
54          pButton.add(bLogin);
55          pButton.add(bRegist);
56
57          f.add(pInput, BorderLayout.CENTER);
58          f.add(pButton, BorderLayout.SOUTH);
59
60          f.setSize(400, 200);
61          f.setResizable(false);
62          f.setVisible(true);
63      }
64
65      public void actionPerformed(ActionEvent e) {
66          //用户名或密码为空
67          if (tUsername.getText().trim().equals("")
68                  || new String(tPassword.getPassword()).trim().equals(""))
69              JOptionPane.showMessageDialog(f,"用户名密码不能为空","",
70                      JOptionPane.WARNING_MESSAGE);
71              tUsername.requestFocus(true);
72          } else {
73              String str = e.getActionCommand().trim();// 获得事件源按钮上的标签
74
75              String username = tUsername.getText();
76              String password = new String(tPassword.getPassword());
77
78              // 如果按钮上的标签是"登录"或者在密码输入框中单击回车键
79              if (str.equals("登录") || e.getSource() == tPassword) {
```

```
80              System.out.println("登录");// 此句用于测试
81              //将用户名和密码拼接为一个字符串,发送给服务器:
82              outToServer.println("login@" + username +
                    "@" + password);
83              try {    //获得服务器对登录操作的应答:
84                  String answer = inFromServer.readLine();
85                  //如果服务器应答为"loginOK",登录成功
86                  if (answer.equals("loginOK")) {
87  //将当前用户与服务器的输入输出流对象和用户名通过TalkFace的构造方法传递过去:
88                      TalkFace talkFace =
89                          newTalkFace(inFromServer,outToServer, username);
90                      talkFace.makeface();
91                      f.setVisible(false);
92                      f.dispose();
93                  } else {   //如果服务器应答为"loginNO",登录失败
94                      JOptionPane.showMessageDialog(f,"对不起,登录失败");
95                      tUsername.setText("");
96                      tPassword.setText("");
97                      tUsername.requestFocus();
98                  }
99              } catch (IOException e1) {
100                 e1.printStackTrace();
101             }
102         } else if (str.equals("注册")) {
103             System.out.println("注册");
104         }
105     }
106 }
107 }
```

【代码11.6】 TalkFace 类

```
1  public class TalkFace implements ActionListener, WindowListener{
2      JButton bOk,bCancel;
3      JTextField tMessage;
4      JTextArea tContent;
5      JScrollPane scroll; //带滚动条的面板
6  
7      FileReader fr;
8      BufferedReader inFromFile;
9      FileWriter fw;
10     PrintWriter outToFile;
```

```java
11
12      BufferedReader inFromServer;//客户端从服务器端的输入流
13      PrintWriter outToServer;//客户端向服务器端的输出流
14
15      String username;
16      Socket socket;
17      //构造方法用来传入客户端与服务器的输入输出流对象、客户端用户名
18      public TalkFace(BufferedReader inFromServer,PrintWriter outToServer,
                    String username){
19          this.username = username;// 接收传入的客户端用户名
20          this.inFromServer = inFromServer;// 接收传入的客户端与服务器的输入输出流对象
21          this.outToServer = outToServer;
22
23      // 创建与聊天历史磁盘文件的输入输出流
24          try {
25              File file = new File("d:\\聊天记录.txt");
26              if (! file.exists()) {
27                  file.createNewFile();// 如果文件不存在,就创建新文件
28              }
29              fr = new FileReader(file); // 创建文件输入流
30              inFromFile = new BufferedReader(fr);
31
32              fw = new FileWriter(file, true);// 创建文件输出流
33              outToFile = new PrintWriter(fw, true);
34          } catch (IOException e) {
35              e.printStackTrace();
36          }
37      }
38
39      public void makeface() {
40          JFrame f = new JFrame();
41
42          f.setTitle(username); //当前用户名显示在窗口标题栏
43
44          tMessage = new JTextField();
45          tContent = new JTextArea();
46          scroll = new JScrollPane(tContent);//给聊天历史框加滚动条
47          JPanel p1 = new JPanel();
48          p1.setLayout(new BorderLayout());
49          p1.add(scroll,BorderLayout.CENTER);
```

```java
50          p1.add(tMessage, BorderLayout.SOUTH);
51
52          bOk = new JButton("发送");
53          bCancel = new JButton("取消");
54          JPanel p2 = new JPanel();
55          p2.add(bCancel);
56          p2.add(bOk);
57
58          bOk.addActionListener(this);
59          bCancel.addActionListener(this);
60          tMessage.addActionListener(this);
61
62          f.add(p1, BorderLayout.CENTER);
63          f.add(p2, BorderLayout.SOUTH);
64          f.setSize(400, 800);
65          f.setVisible(true);
66          tContent.setEditable(false);
67          tMessage.requestFocus(true);
68
69          readRecord();// 读入聊天历史添加在聊天界面的聊天文本框中
70      }
71
72      private void readRecord(){
73      //和以前版本相同,此处略去
74      }
75      public void actionPerformed(ActionEvent e) {
76          Object source = e.getSource();
77          if (source == bOk || source == tMessage) {
78              String message = tMessage.getText();
79              tContent.append("\n" + message);
80              tMessage.setText("");
81
82              outToFile.println(message);// 将本次输入的字符串追加入聊天历史文件
83              outToServer.println(message);//将本次输入的字符串发送给服务器
84          } else {
85              tMessage.setText("");
86          }
87      }
88      public void windowOpened(WindowEvent e) {
89      }
```

```java
90
91      public void windowClosing(WindowEvent e) { // 关闭聊天窗口时,关闭文件输入输出流
92          try {
93
94              inFromFile.close();
95              outToFile.close();
96              fr.close();
97              fw.close();
98          } catch (IOException e1) {
99              e1.printStackTrace();
100         }
101     }
102
103     public void windowClosed(WindowEvent e) {
104     }
105
106     public void windowIconified(WindowEvent e) {
107     }
108
109     public void windowDeiconified(WindowEvent e) {
110     }
111
112     public void windowActivated(WindowEvent e) {
113     }
114
115     public void windowDeactivated(WindowEvent e) {
116     }
117 }
```

当用户在文本输入框中输入信息时,除了将用户输入的信息发送到聊天记录文件外,还需将用户输入的信息发送给服务器,见代码 11.6 的第 83 行。

代码 11.6 的第 42 行将当前客户端的 username 输出在聊天界面的标题栏中。

【代码 11.7】 Server 类

```java
1  public class Server {
2      public static void main(String[] args) {
3          try {
4              ServerSocket service = new ServerSocket(8000);
5              System.out.println("服务器在8000端口监听......");
6
7              Socket socket = service.accept();
8              System.out.println("与客户端"
```

```
9                  + socket.getInetAddress().getHostAddress() + "建立连接。");
10
11              BufferedReader in = new BufferedReader(new InputStreamReader(
12                      socket.getInputStream()));
13              PrintWriter out = new PrintWriter(new OutputStreamWriter(
14                      socket.getOutputStream()), true);
15
16              String str = in.readLine(); // 接收客户端发来的信息
17              String op = str.split("@")[0]; // 用"@"分拆,第 0 部分是功能字符串
18              String username = str.split("@")[1]; // 用"@"分拆,第 0 部分是用户名
19              String password = str.split("@")[2];// 用"@"分拆,第 1 部分是密码
20
21              if (op.equals("login")) {// 登录操作
22                  if (username.equals("aaa") && password.equals("111")) {
                                                    // 简化登录检查
23                      out.println("loginOK");     // 登录成功回复
24                      while(true){//客户端成功登录后,不断地接收客户端发送来的信息
25                          System.out.println(in.readLine());
26                      }
27                  } else {
28                      out.println("loginNO");// 登录失败回复
29                  }
30              } else {// 注册操作
31              }
32          } catch (IOException e) {
33              e.printStackTrace();
34          }
35      }
36  }
```

服务器端和客户端成功建立连接后,若客户端账号验证成功,则客户端会向服务器发送消息。服务器端需要不断地接收客户端发来的信息,见代码 11.7 的第 24 行到 26 行。

11.6 知识点拓展:UDP 通信方式的实现

UDP 通信方式的示意图如图 2.11.3 所示。

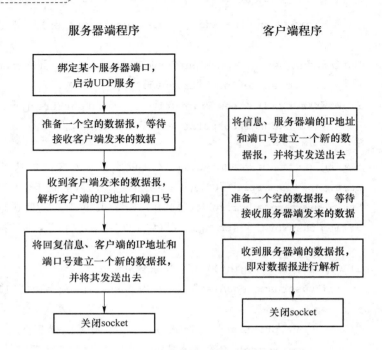

图 2.11.3 UDP 通信方式的示意图

【代码 11.8】 UDP 通信方式的服务器端的实现

```java
1   public class UDPServer {
2       public static void main(String[] args) throws IOException {
3           // 1.创建服务器端 DatagramSocket,指定端口
4           DatagramSocket socket = new DatagramSocket(8800);
5           // 2.创建数据报,用于接收客户端发送的数据
6           byte[] data = new byte[1024];//创建字节数组,指定接收的数据包的大小
7           DatagramPacket packet = new DatagramPacket(data, data.length);
8           // 3.接收客户端发送的数据
9           System.out.println("****服务器端已经启动,等待客户端发送数据");
10          socket.receive(packet);// 此方法在接收到数据报之前会一直阻塞
11          // 4.读取数据
12          String info = new String(data, 0, packet.getLength());
13          System.out.println("我是服务器,客户端说:" + info);
14
15          //向客户端发送信息
16          // 1.从客户端发来的数据报获取客户端的地址、端口号
17          InetAddress address = packet.getAddress();
18          int port = packet.getPort();
19          byte[] data2 = "欢迎您!".getBytes();
20          // 2.创建数据报,包含响应的数据信息
21          DatagramPacket packet2 = new DatagramPacket(data2, data2.length, address, port);
```

```java
22        // 3.发信息给客户端
23        socket.send(packet2);
24        // 4.关闭连接
25        socket.close();
26    }
27 }
```

【代码 11.9】 UDP 通信方式在客户端的实现

```java
1  public class UDPClient {
2      public static void main(String[] args) throws IOException {
3          // 1.定义服务器的地址、端口号、数据
4          InetAddress address = InetAddress.getByName("localhost");//当前服务器上本机
5          int port = 8800;
6          byte[] data = "用户名:admin;密码:123".getBytes();
7          // 2.创建数据报,包含发送的数据信息
8          DatagramPacket packet = new DatagramPacket(data, data.length, address, port);
9          // 3.创建 DatagramSocket 对象
10         DatagramSocket socket = new DatagramSocket();
11         // 4.向服务器端发送数据报
12         socket.send(packet);
13         //接收服务器端发来的数据
14         // 1.创建数据报,用于接收服务器端响应的数据
15         byte[] data2 = new byte[1024];
16         DatagramPacket packet2 = new DatagramPacket(data2, data2.length);
17         // 2.接收服务器响应的数据
18         socket.receive(packet2);
19         // 3.读取数据
20         String reply = new String(data2, 0, packet2.getLength());
21         System.out.println("我是客户端,服务器说:" + reply);
22         // 4.关闭连接
23         socket.close();
24     }
25 }
```

网络通信方式有面向连接的通信方式 TCP 和面向非连接的通信方式 UDP。TCP 协议在正式收发数据前,必须和对方建立可靠的连接,而 UDP 协议在收发数据前,不需要建立连接,只需要对方的 IP 地址和端口号即可。那么,在聊天工具中是用 TCP 通信方式还是 UDP 通信方式呢?这要考虑的情况比较多,如用户的数量、对数据报丢失的容忍程度、实现的性能等。当我们需要做一个用户数量在一定数量级之上的通信软件时,再根据具体情况去研究。在这里我们不考虑这些情况,只用一种 TCP 通信方式。

练 习

1. 完成聊天工具的联网登录和客户端发送聊天信息到服务器的功能部分。
2. 自行测试 UDP 通信方式的 Java 实现。
3. 学习有关构造方法的语法。

第 12 章 版本五 实现多客户端并发登录

12.1 功能需求 1(服务器端并发连接多个客户端)

服务器端可以同时连接多个客户端,并且服务器端和每个客户端之间能够相互独立地、并发地传递数据。

当前版本要实现同时运行多个客户端程序,每个客户端都可以独立登录服务器。

12.2 相关知识点:多线程

当服务器端程序运行时,它和每个客户端之间的连接和通信都需要是独立的、并发的。那么,怎样在一个程序运行中实现有多个并发且相互独立的执行呢?这就需要了解线程的概念了。

1. 线程的概念

每个客户端和服务器端之间传递数据应该是并发的,并且是互相独立的。在一个程序中启动多道并发的执行时,需要创建不同的线程。每一道线程负责一个客户端与服务器端的连接和通信。多道线程并发执行。

宏观上,多道线程是同时执行的,但是微观上,任一时刻,只有一道线程占有 CPU,处于真正的执行状态。多道线程会轮流占用 CPU,CPU 的切换是由操作系统来负责的,因为切换的速度很快,超过了人的感知,所以给人感觉是多道线程同时运行。

多线程并发执行除了满足软件的多道程序并发的功能需求外,更重要的是提高了计算机系统的资源利用效率。

2. 线程的各种状态

线程在创建的时候处于新建状态。线程在被启动后〔调用 start()方法〕处于就绪状态。线程在 CPU 的等待队列中等待操作系统分配 CPU 给它时,若操作系统分配了 CPU 给这道线程,那么该线程就处于真正的运行状态。当运行完成时,线程就进入消亡状态。

线程在运行状态时,可能因为一些原因(如要打印、要等待数据等)要让出 CPU,此时线程进入阻塞状态。处于阻塞状态的线程当重新具有获得 CPU 的条件时,就再次进入就绪状态,等待分配 CPU。处于运行状态的线程也可能因为占用 CPU 的时间片到了,被操作系统剥夺 CPU 而重新进入就绪队列,等待再次获得 CPU。线程的主要状态转换以及可调用的 Java 方法如图 2.12.1 所示。

3. Java 两种实现多线程的方法

(1) 线程类

线程类继承 Thread 类,重写 run()方法〔当该线程被执行时,要执行的内容写在 run()方法中〕。

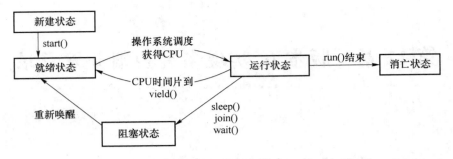

图 2.12.1 线程状态转换示意图

启动线程的方法:定义好线程类,先创建线程对象,然后调用 start()方法来启动线程。至于该线程对象何时真正获得 CPU 而被运行,就由操作系统来调度。

【代码 12.1】

当程序运行时,首先启动 main 线程。main()函数中的第 3 行创建了线程 myThread,第 4 行启动了线程 myThread。主线程 main 和线程 myThread 并发执行,两者交替获得 CPU。

```
1   public class Test12_1 {
2       public static void main(String[] args) {
3           MyThread myThread = new MyThread();
4           myThread.start();
5           for(int i = 1;i<=5;i++){
6               try {
7                   Thread.sleep(100);
8               } catch (InterruptedException e) {
9                   e.printStackTrace();
10              }
11              System.out.println("world");
12          }
13      }
14  }
15  class MyThread extends Thread
16  {   //当该线程被执行时,要执行的内容写在 run()方法中
17      public void run(){
18          for(int i = 1;i<=5;i++){
19              try {
20                  Thread.sleep(100);
21              } catch (InterruptedException e) {
22                  e.printStackTrace();
23              }
24              System.out.println("hello");
25          }
26      }
```

```
27  }
```

代码 12.1 的运行结果：
hello
world
world
hello
world
hello
hello
world
world
hello

代码 12.1 每次运行的结果会不同，即运行结果不唯一。

因为 CPU 运行速度是很快的，为了体现出多道线程交替占有 CPU 的运行结果，在 main 线程和 MyThread 线程中都加了线程休眠的语句，见代码 12.1 的第 7 行和第 20 行。

（2）任务类

任务类实现 Runnable 接口和 run() 方法〔任务要执行的内容写在 run() 方法中〕。

启动线程的方法：定义好任务类后（代码 12.2 的第 17 行到第 28 行），先创建一个任务的对象（代码 12.2 的第 3 行），然后以此任务类对象为传入参数，创建一个 Thread 对象（代码 12.2 的第 4 行）。

【代码 12.2】

```
1   public class Test12_2 {
2       public static void main(String[] args) {
3           Task task = new Task();
4           Thread thread = new Thread(task);
5           thread.start();
6           for(int i = 1;i <= 10;i++)
7           {
8               System.out.println("world");
9               try {
10                  Thread.sleep(100);
11              } catch (InterruptedException e) {
12                  e.printStackTrace();
13              }
14          }
15      }
16  }
17  class Task implements Runnable{
18      public void run() {
19          for(int i = 1;i <= 10;i++)
```

```
20        {
21            System.out.println("hello");
22            try {
23                Thread.sleep(100);
24            } catch (InterruptedException e) {
25                e.printStackTrace();
26            }
27        }
28    }
29 }
```

代码 12.1 和代码 12.2 的运行结果是一样的。建议使用代码 12.2 的方法。

12.3 实现参考 1(服务器端并发连接多个客户端)

服务器端和每个客户端之间的通信应该是彼此独立的、并发进行的。在服务器端,和每个客户端的通信就是一道单独的线程,如图 2.12.2 所示。

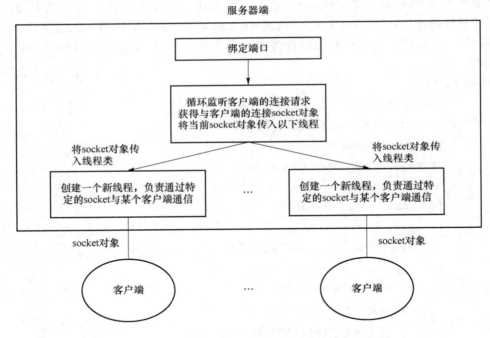

图 2.12.2　服务器端并发与多个客户端连接的示意图

Server 类负责绑定端口,启动监听,在接收到客户端的连接请求并成功连接后,就为当前的客户端创建一道新的线程,将当前的 socket 对象传入该线程,由此线程去负责服务器端和该客户端的通信,见代码 12.3 的第 12 行。

【代码12.3】 Server 类

```java
public class Server {
    public static void main(String[] args) {
        try {
            ServerSocket service = new ServerSocket(8000);
            System.out.println("服务器端在8000端口监听……");

            while (true) { //加入永真循环,服务器端不断地与多客户端建立连接
                Socket socket = service.accept();
                System.out.println("与客户端"
                    + socket.getInetAddress().getHostAddress()
                    + "建立连接。");
                //启动一个新线程,传入当前客户端的socket对象:
                new ServerThread(socket).start();
            }
        } catch (IOException e) {
            e.printStackTrace();
        }
    }
}
```

每当服务器端和一个客户端建立网络连接时,就创建一个新的线程类 ServerThread 的对象,并将 socket 传入线程对象。有关客户端和服务器端通信的内容都移入线程类 ServerThread 的 run() 方法中,见代码 12.4。

【代码12.4】 新增加的 ServerThread 线程类

```java
//添加 ServerThread 类,负责服务器端与一个客户端的交互
class ServerThread extends Thread {
    private Socket socket;

    public ServerThread(Socket socket) {//由构造方法接收传入的网络连接对象socket
        this.socket = socket;
    }

    public void run() { //由每个线程来负责与每个客户端的交互
        try {
            BufferedReader in = new BufferedReader
                                (new InputStreamReader(
                socket.getInputStream()));
            PrintWriter out = new PrintWriter(new OutputStreamWriter(
                socket.getOutputStream()), true);
```

```
15
16              String str = in.readLine();  // 接收客户端发来的信息
17              String op = str.split("@")[0];  // 用"@"分拆,第0部分是信息类型
18              String username = str.split("@")[1];  // 用"@"分拆,第0部分是用户名
19              String password = str.split("@")[2];  // 用"@"分拆,第1部分是密码
20
21              if (op.equals("login")) {  // 登录操作
22                  if (username.equals("aaa") && password.equals("111")){
                        // 简化登录检查
23                      out.println("loginOK");  // 登录成功回复
24                      while(true){  // 客户端成功登录后,不断地接收客户端
                                      // 发送来的信息
25                          System.out.println(in.readLine());
26                      }
27                  } else {
28                      out.println("loginNO");  // 登录失败回复
29                  }
30              } else {  // 注册操作
31
32              }
33          } catch (IOException e) {
34              e.printStackTrace();
35          }
36      }
37 }
```

原版本中的客户端程序 Login 类、LoginFace 类、TalkFace 类不变。

当前,可以同时启动多个客户端,每个客户端都可单独向服务器端发送信息,服务器端都可以输出在控制台上。

这样,服务器端的 main 线程负责监听客户端的连接请求,并建立网络连接。每当服务器端连上一个客户端时,就启动一个单独的线程,负责服务器端与这个客户端的通信。

12.4 功能需求2(在客户端并行发送和接收)

一个客户端在聊天的时候,在向服务器发送信息的同时,还能够从服务器端接收信息。

12.5 实现参考2(在客户端并行发送和接收)

每个客户端都有两道线程:一道线程负责向服务器端发送信息;另一道线程负责从服务器端接收信息。

【代码 12.5】 TalkFace 类

```
1   public class TalkFace implements ActionListener,WindowListener{
2       JButton bOk,bCancel;
3       JTextField tMessage;
4       JTextArea tContent;
5       JScrollPane scroll; //带滚动条的面板
6
7       FileReader fr;
8       BufferedReader inFromFile;
9       FileWriter fw;
10      PrintWriter outToFile;
11
12      BufferedReader inFromServer;
13      PrintWriter outToServer;
14
15      String username;
16      Socket socket;
17      // 构造方法用来传入客户端用户名、客户端与服务器端的输入输出对象:
18      public TalkFace(BufferedReader inFromServer,PrintWriter outToServer, String username) {
19          this.username = username;// 接收传入的客户端用户名
20          this.inFromServer = inFromServer;
                                // 接收传入的客户端与服务器端的输入输出流对象
21          this.outToServer = outToServer;
22
23          //启动一个新线程,负责不断地接收服务器端发来的信息,显示在聊天文本框中:
24          new Thread() {
25              public void run() {
26                  try {
27                      while (true) {
28                          tContent.append(inFromServer.readLine());
29                      }
30                  } catch (IOException e) {
31                      e.printStackTrace();
32                  }
33              }
34          }.start();
35
36          //创建与聊天历史磁盘文件的输入输出流
37          try {
38              File file = new File("d:\\聊天记录.txt");
```

```java
39              if (!file.exists()) {
40                  file.createNewFile();// 如果文件不存在,就创建新文件
41              }
42              fr = new FileReader(file); // 创建文件输入流
44              inFromFile = new BufferedReader(fr);
44
45              fw = new FileWriter(file, true);// 创建文件输出流
46              outToFile = new PrintWriter(fw, true);
47          } catch (IOException e) {
48              e.printStackTrace();
49          }
50      }
51
52      public void makeface() {
53          JFrame f = new JFrame();
54
55          f.setTitle(username);//当前用户名显示在窗口标题栏
56
57          tMessage = new JTextField();
58          tContent = new JTextArea();
59          scroll = new JScrollPane(tContent);//给聊天历史框加滚动条
60          JPanel p1 = new JPanel();
61          p1.setLayout(new BorderLayout());
62          p1.add(scroll,BorderLayout.CENTER);
63          p1.add(tMessage, BorderLayout.SOUTH);
64
65          bOk = new JButton("发送");
66          bCancel = new JButton("取消");
67          JPanel p2 = new JPanel();
68          p2.add(bCancel);
69          p2.add(bOk);
70
71          bOk.addActionListener(this);
72          bCancel.addActionListener(this);
73          tMessage.addActionListener(this);
74
75          f.add(p1, BorderLayout.CENTER);
76          f.add(p2, BorderLayout.SOUTH);
77          f.setSize(400, 800);
78          f.setVisible(true);
```

```java
79          tContent.setEditable(false);
80          tMessage.requestFocus(true);
81
82          readRecord();// 读入聊天历史并将其添加在聊天界面的聊天文本框中
83      }
84
85      private void readRecord(){
86          //和以前版本相同,此处略去
87      }
88      public void actionPerformed(ActionEvent e) {
89          Object source = e.getSource();
90          if (source == bOk || source == tMessage) {
91              String message = tMessage.getText();
92              tContent.append("\n" + message);
93              tMessage.setText("");
94
95              outToFile.println(message);// 将本次输入的字符串追加入聊天历史文件
96              outToServer.println(message);//将本次输入的字符串发送给服务器
97          } else {
98              tMessage.setText("");
99          }
100     }
101     public void windowOpened(WindowEvent e) {
102     }
103
104     public void windowClosing(WindowEvent e) { // 关闭聊天窗口时,关闭文件输入输出流
105         try {
106
107             inFromFile.close();
108             outToFile.close();
109             fr.close();
110             fw.close();
111         } catch (IOException e1) {
112             e1.printStackTrace();
113         }
114     }
115
116     public void windowClosed(WindowEvent e) {
117     }
118
```

```
119       public void windowIconified(WindowEvent e) {
120       }
121
122       public void windowDeiconified(WindowEvent e) {
123       }
124
125       public void windowActivated(WindowEvent e) {
126       }
127
128       public void windowDeactivated(WindowEvent e) {
129       }
130 }
```

在客户端的 main 线程中,每当用户单击"发送"按钮时,就发送信息给服务器端,见代码 12.5 的第 96 行。现在在构造方法中启动了一个新的线程,负责并行地接收服务器端发来的信息,并将信息输出在当前界面的聊天历史框中,见代码 12.5 的第 23 行到第 34 行(这个线程类是匿名内部类)。这样每个客户端程序都有两道并发的线程。

12.6 知识点拓展:线程同步、线程通信

1. 两种线程实现方法的比较

(1) 实现线程的方法一

线程类继承 Thread 类,重写 run()方法,见代码 12.6 的第 1 行到第 6 行。在 main 线程中,先创建线程类对象,然后调用 start()方法启动线程,见代码 12.6 的第 9 行、第 10 行。

【代码 12.6】

```
1  class MyThread extends Thread
2  {
3      public void run() {
4          //线程执行内容
5      }
6  }
7  public class T {
8      public static void main(String[] args) {
9          MyThread myThread = new MyThread();
10         myThread.start();
11     }
12 }
```

(2) 实现线程的方法二

任务类实现 Runnable 接口和 run()方法,见代码 12.7 的第 1 行到第 6 行。在 main 线程中,先创建任务类对象,再以任务类对象为传入参数创建 Thread 线程对象,然后对线程对象调用 start()方法启动线程,见代码 12.7 的第 9 行到第 11 行。

【代码 12.7】

```java
class MyTask implements Runnable
{
    public void run() {
        //线程执行内容
    }
}
public class T {
    public static void main(String[] args) {
        MyTask myTask = new MyTask();
        Thread myThread = new Thread(myTask);
        myThread.start();
    }
}
```

两种实现线程的方法在多道线程各自独立没有关联的时候,运行效果是相同的,采用哪种方法都可以。但是,因为 Java 是单继承(一个类最多只能继承一个父类),所以当需要继承其他父类时,就只能采用方法二。

当多道线程出现数据共享时,两种方法的运行情况会不同,请看如下案例:车站当前共有车票数 5 张,分别有 3 个窗口同时并行卖票,用多线程模拟卖票过程。

【代码 12.8】 采用线程实现方法一

```java
public class Test12_8 {

    public static void main(String[] args) {
        //分别创建三道线程
        TicketSale_t t1 = new TicketSale_t("第一窗口");
        TicketSale_t t2 = new TicketSale_t("第二窗口");
        TicketSale_t t3 = new TicketSale_t("第三窗口");
        //分别启动三道线程
        t1.start();
        t2.start();
        t3.start();
    }
}
class TicketSale_t extends Thread           //线程类
{
    private int tickets = 5;
    public TicketSale_t(String name){
        super(name);
    }
    public void run(){
```

```
21          while(tickets > 0){
22              System.out.println(Thread.currentThread().getName()
23                          + "卖掉了第" + tickets -- +"张票");
24          }
25      }
26  }
```

代码 12.8 的运行结果：

第一窗口卖掉了第 5 张票
第三窗口卖掉了第 5 张票
第二窗口卖掉了第 5 张票
第三窗口卖掉了第 4 张票
第一窗口卖掉了第 4 张票
第三窗口卖掉了第 3 张票
第二窗口卖掉了第 4 张票
第三窗口卖掉了第 2 张票
第一窗口卖掉了第 3 张票
第三窗口卖掉了第 1 张票
第二窗口卖掉了第 3 张票
第一窗口卖掉了第 2 张票
第一窗口卖掉了第 1 张票
第二窗口卖掉了第 2 张票
第二窗口卖掉了第 1 张票

我们可以发现运行结果是不正确的，在这个运行结果中，不是 3 个窗口一起卖 5 张票，而是每个窗口各自卖 5 张票。那么怎样让 3 个窗口共享 5 张票呢？请看第二种实现方法。

【代码 12.9】 采用线程实现方法二

```
1   public class Test12_9 {
2
3       public static void main(String[] args) {
4           TicketSale t = new TicketSale();      //创建一个任务类对象
5           //用同一个任务类对象分别创建三道线程
6           Thread t1 = new Thread(t,"第一窗口");
7           Thread t2 = new Thread(t,"第二窗口");
8           Thread t3 = new Thread(t,"第三窗口");
9
10          t1.start();
11          t2.start();
12          t3.start();
13      }
14  }
15  class TicketSale implements Runnable      //任务类
```

```
16  {
17      private int tickets = 5;
18      public void run(){
19          while(tickets > 0){
20              System.out.println(Thread.currentThread().getName()
21                  + "卖掉第" + tickets-- +"张票");
22          }
23      }
24  }
```

代码 12.9 的运行结果：

第一窗口卖掉第 4 张票

第三窗口卖掉第 3 张票

第二窗口卖掉第 5 张票

第三窗口卖掉第 1 张票

第一窗口卖掉第 2 张票

方法二不会像方法一那样，每个窗口各卖 5 张票，方法二是三个窗口一起卖 5 张票。在方法一中，每个线程各自有一个 tickets 成员，所以 3 道线程没有共享 tickets。在方法二中，只创建了一个任务类对象，3 道线程共享同一个任务类对象，这样也就共享了同一个任务中的 tickets。因此，在多线程之间有数据共享的时候，要采用方法二。但是，方法二还有可能会出现问题，其运行结果可能会出现一张票被重复卖多次的不合理情况，这涉及后面要讲的线程不安全。

2. 线程的同步

对于上述 3 个窗口共同卖票的案例，采用方法二虽然可以实现 3 个窗口共享 5 张票，但是可能会出现同一张票被重复卖多次的情况（多运行几次的话，就可能会遇到这种不正常的情况）。尤其是当每道线程在卖票时需要一定时间延迟时，出现同一张票被重复卖多次的情况的概率会更高。

【代码 12.10】

模拟现实情况时，考虑到可能卖票过程需要一段时间间隔，代码中增加了第 20 行和第 21 行。

```
1   public class Test12_10_update {
2       public static void main(String[] args) {
3           TicketSale_u t = new TicketSale_u();
4           Thread t1 = new Thread(t,"第一窗口");
5           Thread t2 = new Thread(t,"第二窗口");
6           Thread t3 = new Thread(t,"第三窗口");
7   
8           t1.start();
9           t2.start();
10          t3.start();
11      }
```

```
12    }
13
14  class TicketSale_u implements Runnable {
15      private int tickets = 5;
16
17      public void run() {
18          while (tickets > 0) {
19              try {
20                  Thread.sleep(new Random().nextInt(1000));//模拟卖票过程的间隔时间
21              } catch (InterruptedException e) {}
22              System.out.println(Thread.currentThread().getName() + "卖掉第"
23                      + tickets-- + "张票");
24          }
25      }
26  }
```

代码 12.10 的运行结果：

第二窗口卖掉第 5 张票
第三窗口卖掉第 4 张票
第一窗口卖掉第 3 张票
第三窗口卖掉第 2 张票
第二窗口卖掉第 1 张票
第一窗口卖掉第 0 张票
第三窗口卖掉第 -1 张票

运行结果出现了不正常的情况。模拟可能的执行情形：假设当前 tickets 的值是 1，当一道线程读取 tickets 的值时，tickets>0 为 true，然后线程执行到第 20 行，进入休眠状态（还未执行到 tickets--）；在这个时刻，CPU 切换给另一道线程，该线程又读取 tickets 值，此时 tickets 的值仍旧是 1，tickets>0 为 true，然后线程进入休眠状态，假设这段休眠时间很短，CPU 并没有发生切换，接着本线程输出"卖出了第 1 张票"，执行到 tickets--，此时 tickets 变为 0；然后 CPU 切换回上一道线程，这道线程已经不会再判断 tickets>0 了（因为已经判断过了），而是直接输出"卖出了第 0 张票"，执行到 tickets--，此时 tickets 变为 -1。这样就可能造成同一张票被卖了两次的情况。我们把这种情况叫作线程不同步。

当多线程并发修改共享数据时，可能会造成数据错误，这种情况叫作线程不安全。那么怎样解决线程不安全的问题呢？解决的方法就是，针对多线程共享的数据，保证一个线程在处理共享数据的时候，其他线程都等待，直到该线程结束对共享数据的处理为止。这种方法叫作线程的同步控制。

【代码 12.11】 线程同步的方法一：同步代码块

```
1  public class Test12_11 {
2      public static void main(String[] args) throws InterruptedException {
3          SaleTickets t = new SaleTickets();
4          Thread t1 = new Thread(t,"第一窗口");
```

```
5              Thread t2 = new Thread(t,"第二窗口");
6              Thread t3 = new Thread(t,"第三窗口");
7              t1.start();
8              t2.start();
9              t3.start();
10         }
11   }
12   class SaleTickets implements Runnable {
13       private int tickets = 10;
14       public voidrun() {
15           while (true) {
16               synchronized (this) {
17                   try {
18                       Thread.sleep(300);
19                   } catch (InterruptedException e) {
20                       e.printStackTrace();
21                   }
22
23                   if (tickets > 0) {
24                       System.out.println(Thread.currentThread().getName() + "卖掉第"
25                           + tickets + "张票");
26                       tickets--;
27                   } else {
28                       System.exit(0);
29                   }
30               }
31           }
32       }
33   }
```

在代码12.11中,第16行的关键字synchronized后面的大括号构成同步代码块,在同一时刻只能有一道线程可以在同步代码块内运行,只有当该线程离开同步代码块后,其他线程才能进入同步代码块内,这样就避免了上述的线程不安全的情况。

同步代码块的定义语法：

...

synchronized(对象)
{
    需要同步的代码 ;
}

...

synchronized后面小括号中的对象在这里就是当前SaleTickets任务类对象t,3道线程都共享同一个任务类对象t,t对象对应着一把"锁",所以3道线程需争夺这一把"锁"。获得"锁"的线程可以进入同步代码块,其他线程要进入就必须等待"锁"的释放,当获得"锁"进入同步代码块的线程结束执行,并离开同步代码块时,就释放"锁",其他等待"锁"的线程就可以获得"锁"而进入同步代码块。

【代码 12.12】 线程同步的方法二:同步方法

除了可以对代码块进行同步外,也可以对方法进行同步,只要在需要同步的方法定义前加上 synchronized 关键字即可。

```java
1   public class Test12_12 {
2       public static void main(String[] args) throws InterruptedException {
3           SaleTickets t = new SaleTickets();
4           Thread t1 = new Thread(t,"第一窗口");
5           Thread t2 = new Thread(t,"第二窗口");
6           Thread t3 = new Thread(t,"第三窗口");
7           t1.start();
8           t2.start();
9           t3.start();
10      }
11  }
12  class SaleTickets implements Runnable {
13      private int tickets = 10;
14      public void run() {
15          while (true) {
16              sale();
17          }
18      }
19
20      public synchronized void sale() {    //同步方法
21          if (tickets > 0) {
22              try {
23                  Thread.sleep(new Random().nextInt(1000));
24              } catch (InterruptedException e) {
25              }
26              System.out.println(Thread.currentThread().getName() + "卖掉第"
27                  + tickets-- + "张票");
28          } else {
29              System.exit(0);
30          }
31      }
32  }
```

同步方法的定义语法:

```
访问控制符 synchronized 返回值类型 方法名称(参数)
{
    …;
}
```
当一个线程进入有 synchronized 修饰的方法时,其他线程就不能进入此方法,直到前一个线程执行完此方法为止。

线程同步是以牺牲程序效率为代价的,所以在保证线程安全的情况下,应该尽量缩小同步的范围。如果是在单线程的执行情况下,则提供线程不安全的版本来运行。

3. 死锁

一旦有多个线程,当它们都要争夺对多个锁的独占访问的时候,这就有可能发生死锁。最常见的死锁形式是当线程 1 持有对象 A 上的锁,而且正在等待对象 B 上的锁,而线程 2 持有对象 B 上的锁,却正在等待对象 A 上的锁。这两个线程都在等待对方释放锁,才能进行下去。这样就造成它们只能永远互相等待。这就好比两个人在吃饭,一个人用刀叉,一个人用筷子。现在,甲拿到了一根筷子和一把刀子,乙拿到了一把叉子和一根筷子,他们都无法吃饭。于是,发生了下面的事件。

甲:"你先给我筷子,我再给你刀子!"
乙:"你先给我刀子,我才给你筷子!"
……
结果可想而知,谁也没吃到饭。

要避免死锁,对于有多个锁的情况,应该确保在所有的线程中都以相同的顺序获取锁。

【代码 12.13】 模拟产生死锁的例程

```
1  class A{
2      synchronized void firstA(B b) throws InterruptedException{
3          Thread.sleep(2000);    //线程睡眠,是为了能够模拟线程死锁的情形
4          b.secondB();
5      }
6      synchronized void secondA(){
7          System.out.println("在 A 的 secondA 方法中");
8      }
9  }
10 class B{
11     synchronized void firstB(A a) throws InterruptedException{
12         Thread.sleep(2000);    //线程睡眠,是为了能够模拟线程死锁的情形
13         a.secondA();
14     }
15     synchronized void secondB(){
16         System.out.println("在 B 的 secondB 方法中");
17     }
18 }
19
```

```java
20  public class Test12_13 implements Runnable{
21      A a = new A();
22      B b = new B();
23      public Test12_13 () throws InterruptedException{
24          new Thread(this).start();      //启动一道线程
25          a.firstA(b);
26      }
27
28      public void run(){
29          System.out.println("子线程开始!");
30          try {
31              b.firstB(a);
32          } catch (InterruptedException e) {}
33          System.out.println("子线程结束!");
34      }
35
36      public static void main(String[] args) throws InterruptedException {
37          System.out.println("main 线程开始!");    //main 线程的开始
38          new DeadLockDemo();
39          System.out.println("main 线程结束!");
40      }
41  }
```

代码 12.13 的运行结果：
main 线程开始！
子线程开始！

代码 12.13 的程序是不能正常结束的,两道线程陷入互相等待的死锁状况,看不到两道线程结束的输出字符串。

当有多个锁时,程序的编写要避免以上的情况。

4. 线程的通信

线程之间除了出现以上对共享资源的争夺关系外,还会出现互为条件的合作关系。例如,在经典的"生产者-消费者"模型中,只有生产者生产出产品,消费者才可以消费(不然没有产品用来消费);只有消费者消费掉产品,生产者才可以生产(不然产品就积压了)。生产者和消费者是互为条件的。这样,消费者在没有产品的时候就等待,当生产者生产出产品时,就要唤醒正在等待的消费者进行消费;反之,生产者在产品没有消费掉的时候就等待,当消费者消费掉产品时,就要唤醒正在等待的生产者进行生产。

生产者和消费者是两道独立并发的线程,但是,二者是一个活动的两个方面,有着制约关系,需要互相通信。

【代码 12.14】 "生产者-消费者"模型的模拟例程

```java
1   class Bussiness {    //一个活动包含两个同步的方法:生产和消费
2       private boolean flag = false;//用一个变量来记录有没有产品
```

```java
3                                           // false:没有产品,true:有产品
4
5    public synchronized void produce() {  //生产
6        for (int i = 1; i <= 5; i++) {          //假设生产5次
7            try {
8                while (flag) {      //当有产品(flag为true)的时候,
9                    wait();         //当前线程就进入阻塞队列等待
10               } //当消费者线程消费了产品时,会将flag变为false,并唤醒等待的线程
11           } catch (InterruptedException e) { }
12           System.out.println("生产了产品");//模拟生产出了产品
13           flag = true; //生产出产品之后,将flag变为true
14           notify();//唤醒等待队列中线程
15       }
16   }
17
18   public synchronized void consume() {   //消费
19       for (int i = 1; i <= 5; i++) {          //假设消费5次
20           try {
21               while (!flag) {     //当没有产品(flag为false)时,
22                   wait();         //当前线程就进入阻塞队列等待
23               } //当生产者线程生产了产品,会将flag变为true,并唤醒等待的线程
24           } catch (InterruptedException e) {
25               e.printStackTrace();
26           }
27           System.out.println("消费了产品");//模拟消费了产品
28           flag = false; //消费了产品之后,将flag变为false
29           notify();//唤醒等待队列中线程
30       }
31   }
32 }
33
34 class Producer extends Thread {    //生产者线程
35     private Bussiness b;
36
37     public Producer(Bussiness b) {
38         super();
39         this.b = b;
40     }
41
42     public void run() {
```

```
43            b.produce();
44        }
45  }
46
47  class Consumer extends Thread {    //消费者线程
48      private Bussiness b;
49
50      public Consumer(Bussiness b) {
51          super();
52          this.b = b;
53      }
54
55      public void run() {
56          b.consume();
57      }
58  }
59
60  public class Test12_14 {
61      public static void main(String[] args) {
62          Bussiness b = new Bussiness();
63          Producer p = new Producer(b);
64          Consumer c = new Consumer(b);
65          p.start();    //启动生产者线程
66          c.start();    //启动消费者线程
67      }
68  }
```

这里要注意,Producer 线程和 Consumer 线程虽然是两道独立的线程,但是他们的活动是相关的,是对相同产品的生产和消费的两个方面,所以,在创建 Producer 线程和 Consumer 线程的时候,为构造方法传入的是同一个 Bussiness 对象。

对于"生产者"线程,当 flag 为 true(当前有产品时),就调用 wait()进入阻塞队列等待,否则,就进行生产,生产结束之后,将 flag 设为 true,调用 notify()唤醒阻塞队列中的线程;对于"消费者"线程,当 flag 为 false(当前无产品)时,就调用 wait()进入阻塞队列等待,否则,就进行消费,消费结束之后,将 flag 设为 false,调用 notify()唤醒阻塞队列中的线程。

5. 操作线程的主要方法

操作线程的主要方法在 Thread 类中,下面列出 Thread 类中的主要方法。

(1) public static native Thread currentThread():返回目前正在执行的线程。

(2) public void destroy():销毁线程。

(3) public final StringgetName():返回线程的名称。

(4) public final void setName():设定线程名称。

(5) public static native void sleep(long millis) throws InterruptedException:使目前正在

执行的线程休眠 millis 毫秒。

（6）public static boolean interrupted()：判断目前线程是否被中断，如果是则返回 true，否则返回 false。

（7）public final native boolean isAlive()：判断线程是否在活动，如果是则返回 true，否则返回 false。

（8）public boolean isInterrupted()：判断目前线程是否被中断，如果是则返回 true，否则返回 false。

（9）public final void join() throws InterruptedException：等待线程死亡。

（10）public static native void yield()：将目前正在执行的线程暂停，允许其他线程执行。

练 习

1. 完成聊天工具的多客户端登录服务器、客户端并行发送和接收信息的功能。
2. 进一步学习有关多线程的编程。

第 13 章　版本六 实现客户端之间的聊天

13.1　功能需求(在线用户列表的维护)

（1）在客户端聊天界面上部添加在线用户下拉列表，下拉列表中选中的当前用户就是用户发送信息的对象。

（2）只要有新用户登录，新登录用户名就会出现在所有其他在线用户的聊天界面下拉列表中；只要有在线用户下线，他的用户名就会从所有其他在线用户的下拉列表中。下拉列表中不应该有当前用户自己的名字。

这里，先简化登录检查问题，服务器端允许所有用户都能够通过登录检查。

实现分析：客户端要发送给好友的信息要先发送给服务器端，由服务器端转发给好友，那么，客户端发送给服务器端的数据就至少有两项：目标用户名和信息内容。服务器端在收到客户端发来的数据之后，必须能够根据目标用户名，找到此用户的网络连接，然后通过此连接将信息转发过去。由此服务器端需要保存所有在线用户的用户名，以及此用户与服务器的网络连接 socket，并且能够由用户名即可查询到相应的网络连接。

那么用什么结构来保存一系列的用户名和对应的 socket 数据呢？怎样可以方便地由用户名获得对应的 socket 数据呢？

在 java.util 包中提供了若干容器类，分别用不同的方式来存储和管理批理的内存数据，我们可以从中选择合适的类，来存储和管理服务器的这些用户名和对应的 socket。

13.2　相关知识点：容器

在编程过程中，时常有若干数据需要存储起来，并且需要对这些数据进行一些增删改查的操作。批量的数据需要根据数据的关系和特点，采用适当的数据结构进行存储。

在本例中，需要在服务器存储一系列的 username-socket 数据对，并且由 username 可以方便地获得此 username 所对应的 socket。我们把这种情形下的每一对数据称为 key-value 键值对，其中的 key 是唯一的，可以直接由 key 获得它对应的 value。

Java 在 java.util 包中提供了一系列的容器类，用来存储和管理批量的对象。其中 Map（影射）接口及其实现类就是用来对 key-value 键值对的数据结构进行管理的。Map 接口的常用实现类是 HashMap(Hash 是一种数据存储的算法)。在代码 13.1 中，HashMap 用来存储一系列键值对，其中，"键"是用户名，"值"是地址。

【代码 13.1】　HashMap 案例

```
1   public class Test13_1 {
2       public static void main(String[] args) {
```

```java
3          HashMap<String,String> hm = new HashMap<String,String>();
4          //向HashMap中加入键值对
5          hm.put("lily","广东省广州市");
6          hm.put("apple","广东省深圳市");
7          hm.put("orange","湖南省长沙市");
8
9          //由"键"查询对应的"值"
10         System.out.println("lily的地址" + hm.get("lily"));
11
12         //由"键"删除对应的键值对
13         System.out.println("删除lily的信息");
14         hm.remove("lily");
15
16         //遍历所有的"键"
17         System.out.println("所有的用户名:");
18         for(String user:hm.keySet()){
19             System.out.println("用户名:" + user);
20         }
21         //遍历所有的"值"
22         System.out.println("所有的地址:");
23         for(String address:hm.values()){
24             System.out.println("地址" + address);
25         }
26         //遍历键值对
27         System.out.println("所有的用户名-地址:");
28         for(Entry<String,String> entry:hm.entrySet() ){
29             System.out.print("用户名:" + entry.getKey());
30             System.out.println("地址" + entry.getValue());
31         }
32     }
33 }
```

代码13.1的运行结果：
lily的地址广东省广州市
删除lily的信息
所有的用户名:
用户名:orange
用户名:apple
所有的地址:
地址湖南省长沙市
地址广东省深圳市

所有的用户名-地址：

用户名:orange 地址湖南省长沙市

用户名:apple 地址广东省深圳市

代码 13.1 的第 3 行创建了 HashMap 对象 hm。对于容器，是允许加入任何类型的对象的，这样就不能检查是否加了类型不恰当的对象，而且，从容器中取出对象的时候，取出的对象可能是任何类型，必须根据情况进行类型转换。为了避免这些情况，在定义容器的时候，就需要规定加入容器的对象类型。代码 13.1 的第 3 行"＜＞"中的类型就是当前容器允许加入的对象的类型，"HashMap＜String,String＞ hm = new HashMap＜String,String＞();"就是声明 hm 容器中只能加入键类型为 String，值类型为 String 的键值对，如果类型不符合，编译就会出错，并且，从容器 hm 中取出的键值对一定是 String-String 类型，不需要再进行类型转换。这种对容器中对象的类型限制叫作泛型。

第 5 行到第 7 行用 put()方法向容器中存入键值对。

第 10 行用 get()方法给出 key，获得对应的 value。

第 14 行用 remove()方法删除某个 key 对应的键值对。

第 18 行到第 20 行访问容器中所有的键。用 keySet()方法获得容器中所有键的集合，用 for-each 循环访问集合中所有的元素。

第 23 行到第 25 行访问容器中所有的值。用 values()方法获得容器中所有值的集合，用 for-each 循环访问集合中所有的元素。

第 28 行到第 31 行将容器中的每个键值对作为一个 Entry 对象，用 entrySet()方法获得容器中所有键值对的集合，用 for-each 循环访问集合中每个键值对的键和值。

以上是 HashMap 容器主要的增、删、查、遍历的用法。

13.3　实现参考(在线用户列表的维护)

在服务器端创建了一个 HashMap 容器后，每当有客户端与服务器端建立了网络连接时，就将该客户端的用户名和 socket 这一键值对存入容器。

当有一个客户端上线时，就可以从容器中得到所有当前在线用户的用户名(容器中所有的键)。先将这些用户名发送给新上线的客户端，加入新上线客户端的用户下拉列表中，然后在容器中获得所有当前在线用户的 socket(容器中所有的值)，通过这些 socket 将当前新上线的用户名发送给所有已经在线的用户，从而把新上线用户名加入其他所有在线用户的用户下拉列表中。

同理，当一个客户端下线时，就可以把下线用户名发送给所有在线用户，从而所有在线用户将下线用户名从用户下拉列表中去除。

服务器端对聊天内容的转发方法：先在容器中取得发送目的方的 socket，然后通过这个 socket 将聊天内容转发过去。

客户端程序的 Login 类、LoginFace 类不变。

【代码 13.2】　TalkFace 类

```
1    public class TalkFace implements ActionListener, WindowListener {
2        JButton bOk, bCancel;
3        JTextField tMessage;
```

代码 13.2

```java
4       JTextArea tContent;
5       JScrollPane scroll;//带滚动条的面板
6       //添加在线用户下拉列表：
7       JComboBox<String> cmbFriends = new JComboBox<String>();
8
9       FileReader fr;
10      BufferedReader inFromFile;
11      FileWriter fw;
12      PrintWriter outToFile;
13
14      BufferedReader inFromServer;
15      PrintWriter outToServer;
16
17      String username;
18      Socket socket;
19
20      // 构造方法用来传入客户端用户名、客户端与服务器端的输入输出对象：
21      public TalkFace(BufferedReader inFromServer,PrintWriter
                    outToServer, String username) {
22          //接收传入的客户端用户名接收传入的客户端与服务器端的输入输出流对象
23          this.username = username;
24          this.inFromServer = inFromServer;
25          this.outToServer = outToServer;
26
27          //启动一个线程,负责不断地接收服务器发来的信息：
28          //服务器端发来的信息格式有三种：
29          //1、online@上线用户名
30          //2、offline@下线用户名
31          //3、talk@聊天对象用户名@聊天内容
32
33          new Thread() {
34              public void run() {
35                  String str;
36                  String operator;
37                  try {
38                      while (true) {
39                          str = inFromServer.readLine();
40                          if(str == null) break;//下线,线程结束
41
42                          operator = str.split("@")[0];
```

```java
43                        String username = str.split("@")[1];
44
45                        if(operator.equals("online")){
46                            cmbFriends.addItem(username);
47
48                        }else if(operator.equals("offline")){
49                            cmbFriends.removeItem(username);
50
51                        }else if(operator.equals("talk")){
52                            String information = str.split("@")[2];
53                            //聊天对象发来的信息加入聊天历史框:
54                            tContent.append(username + ":"
                                    + information + "\n");
55                            //滚动条自己滚到最下:
56                            JScrollBar bar = scroll.getVerticalScrollBar();
57                            bar.setValue(bar.getMaximum());
58                            //聊天对象发来的信息加入聊天历史磁盘文件:
59                            outToFile.append(username + ":"
                                    + information + "\n");
60                        }
61                    }
62                } catch (IOException e) {
63                    e.printStackTrace();
64                }
65            }
66        }.start();
67
68        // 创建与聊天历史磁盘文件的输入输出流
69        try {
70            File file = new File("d:\\聊天记录.txt");
71            if (! file.exists()) {
72                file.createNewFile();// 如果文件不存在,就创建新文件
73            }
74
75            fr = new FileReader(file); // 创建文件输入流
76            inFromFile = new BufferedReader(fr);
77
78            fw = new FileWriter(file, true);// 创建文件输出流
79            outToFile = new PrintWriter(fw, true);
80
```

```java
81              } catch (IOException e) {
82                  e.printStackTrace();
83              }
84          }
85
86      public void makeface() {
87          JFrame f = new JFrame();
88
89          f.setTitle(username);//当前用户名显示在窗口标题栏
90
91          tMessage = new JTextField();
92          tContent = new JTextArea();
93          scroll = new JScrollPane(tContent);//给聊天历史框加滚动条
94          JPanel p1 = new JPanel();
95          p1.setLayout(new BorderLayout());
96          p1.add(cmbFriends, BorderLayout.NORTH);//将在线用户下拉列表放入界面上方
97          p1.add(scroll, BorderLayout.CENTER);//加入带滚动条的聊天历史框
98          p1.add(tMessage, BorderLayout.SOUTH);
99
100         bOk = new JButton("发送");
101         bCancel = new JButton("取消");
102         JPanel p2 = new JPanel();
103         p2.add(bCancel);
104         p2.add(bOk);
105
106         bOk.addActionListener(this);
107         bCancel.addActionListener(this);
108         tMessage.addActionListener(this);
109         f.addWindowListener(this); // 注册窗口监听器
110
111         f.add(p1, BorderLayout.CENTER);
112         f.add(p2, BorderLayout.SOUTH);
113         f.setSize(400, 600);
114         f.setVisible(true);
115         tContent.setEditable(false);
116         tMessage.requestFocus(true);
117
118         readRecord(); // 读入聊天历史并添加在聊天界面的聊天文本框中
119      }
120
```

```java
121     private void readRecord() {
122         try {
123             while (inFromFile.ready()) {
124                 tContent.append(inFromFile.readLine() + "\n");
125             }
126         } catch (IOException e) {
127             e.printStackTrace();
128         }
129     }
130
131     public void actionPerformed(ActionEvent e) {
132         Object source = e.getSource();
133         if (source == bOk || source == tMessage) {
134             String message = tMessage.getText();
135             tContent.append(username + ":" + message + "\n");
136             tMessage.setText("");
137
138             JScrollBar bar = scroll.getVerticalScrollBar();//滚动条自己滚到最下
139             bar.setValue(bar.getMaximum());
140             //将当前聊天信息写入聊天历史存盘文件:
141             outToFile.println(username + ":" + message);
142             //将本次输入的字符串发送给服务器
143             outToServer.println("talk@" + cmbFriends.getSelectedItem() + "@" + message);
144         } else {
145             tMessage.setText("");
146         }
147     }
148
149     public void windowOpened(WindowEvent e) {
150
151     }
152         //关闭聊天窗口时,关闭文件输入输出流:
153     public void windowClosing(WindowEvent e) {
154         try {
155             //当前用户下线,向服务器发送:offline@下线用户名
156             outToServer.println("offline@" + username);
157
158             inFromFile.close();
159             outToFile.close();
160             fr.close();
```

```
161                    fw.close();
162                } catch (IOException e1) {
163                    e1.printStackTrace();
164                }
165        }
166
167        public void windowClosed(WindowEvent e) {
168
169        }
170
171        public void windowIconified(WindowEvent e) {
172
173        }
174
175        public void windowDeiconified(WindowEvent e) {
176
177        }
178
179        public void windowActivated(WindowEvent e) {
180
181        }
182
183        public void windowDeactivated(WindowEvent e) {
184
185        }
186 }
```

服务器端发送给客户端的信息可能是用户上线通知、用户下线通知、聊天信息，所有信息本身要附带功能字符串，以说明信息种类。

服务器端发送的信息格式：①online@上线用户名；②offline@下线用户名；③talk@聊天对象用户名@聊天内容。信息字符串用"@"分割为不同部分，第 0 部分是功能字符串。

代码 13.2 的第 33 行到第 66 行是客户端启动接收服务器端信息的线程。当接收到服务器端发来的字符串（见第 39 行）时，先将字符串用"@"进行分割，得到的第 0 部分的功能字符串有 3 种可能，分别是"online"、"offline"、"talk"。如果是"online"，则将之后的用户名字符串加入用户下拉列表中（见代码 13.2 的第 45 行到 46 行）；如果是"offline"，则将之后的用户名字符串从用户下拉列表中删除（见代码 13.2 的第 48 行到 49 行）；如果是"talk"，则将之后的信息来源用户名和聊天信息输出在界面聊天框中，并存入聊天历史磁盘文件（见第 51 行到第 60 行）。

当前客户端关闭窗口下线时，向服务器发送下线通知字符串（见代码 13.2 的第 156 行）。

服务器端的程序如下。

代码 13.3 和 13.4-1

代码 13.3 和 13.4-2

代码 13.3 和 13.4-3

【代码 13.3】 Server 类

```java
1  public class Server {
2      //服务器端维护一个静态HashMap,存储所有在线用户与服务器端之间的socket对象:
3      public static HashMap < String, Socket > username_socket
4                                          = new HashMap < String, Socket >();
5      public static void main(String[] args) {
6          try {
7              ServerSocket service = new ServerSocket(8000);
8              System.out.println("服务器在 8000 端口监听......");
9              while (true) {
10                 Socket socket = service.accept();
11                 System.out.println("与客户端"
12                     + socket.getInetAddress().getHostAddress() + "建立连接。");
13                 new ServerThread(socket).start();
14             }
15         } catch (IOException e) {
16             e.printStackTrace();
17         }
18     }
19 }
```

服务器端需要创建一个 HashMap 容器,用来存储每个上线的客户端的用户名,以及该客户端与服务器端的网络连接对象 socket。这个 HashMap 容器在服务器端是唯一的,所有的服务器端线程共享这个容器,并且这个容器应该是在服务器启动的时候就创建的,为了要满足这些条件,HashMap 容器的 username_socket 对象被定义为静态变量(static),见代码 13.3 的第 3 行。因为被定义为 static,所以 usermame_socket 对象在其他类中不需要创建 Server 类的对象,直接用 Server.username_socket 来引用。有关 static 的概念在第 16 章会讲到。

【代码 13.4】 ServerThread 类

```java
1  //ServerThread 类,负责服务器端与一个客户端的交互
2  class ServerThread extends Thread {
3      private Socket socket;
4      BufferedReader in;
5      PrintWriter out;
6
7      public ServerThread(Socket socket) {
                                          // 由构造方法接收传入的网络连接对象 socket
```

```java
8            this.socket = socket;
9        }
10
11       public void run() { //由每个线程来负责与每个客户端的交互
12           try {
13               in = new BufferedReader(new InputStreamReader
                                 //( socket.getInputStream()));
14               out = new PrintWriter(new OutputStreamWriter(
15                   socket.getOutputStream()), true);
16
17               String str = in.readLine(); // 接收客户端发来的信息
18               String op = str.split("@")[0]; // 用"@"分拆,第 0 部分是信息类型
19               String username = str.split("@")[1]; // 用"@"分拆,第 0 部分是用户名
20               String password = str.split("@")[2];// 用"@"分拆,第 1 部分是密码
21
22               if (op.equals("login")) { // 登录操作
23                   // 先取消登录检查,让所有用户直接用不同的用户名登录
24                   // if (username.equals("aaa") && password.equals("111")) {//
25                   // 简化登录检查
26                   if (true) {
27                       out.println("loginOK");// 登录成功回复
28
29                       // 将当前在线用户名逐个发送给此新上线的用户
30                       for (String u : Server.username_socket.keySet()) {
31                           out.println("online@" + u);
32                       }
33                       // 将此新上线的用户名逐个发送给所有已经在线用户
34                       for (Socket s : Server.username_socket.values()) {
35                           PrintWriter o = new PrintWriter(new OutputStreamWriter(
36                               s.getOutputStream()), true);
37                           o.println("online@" + username);
38                       }
39                       // 将此新上线用户名-socket 存入服务器的 HashMap 对象 username_socket:
40                       Server.username_socket.put(username, socket);
41
42                       talk(username);// 调用 talk 方法进行聊天
43
44                       //客户端成功登录后,不断的接收客户端发送来的信息
45                       // while (true) {
46                       //     System.out.println(in.readLine()); }
```

```java
47                          //
48                    } else {
49                        out.println("loginNO");// 登录失败回复
50                    }
51                } else {    // 注册操作
52
53                }
54            } catch (IOException e) {
55                e.printStackTrace();
56            }
57
58        }
59
60        // 聊天方法,登录成功之后,服务器端和一个客户端之间的交互
61        private void talk(String fromUsername) {
62            boolean stop = false;
63            String str;
64            String operator;
65            PrintWriter o;
66            while (!stop) {
67                try {
68                    str = in.readLine();
69                    operator = str.split("@")[0];
70                    // 服务器端收到客户端下线信息:
71                    if (operator.equals("offline")) {
72                        String username = str.split("@")[1];
73                        // 服务器端 username_socket 删除此用户信息:
74                        Server.username_socket.remove(username);
75                        // 通知所有其他在线用户,此用户下线:
76                        for (Socket s : Server.username_socket.values()) {
77                            o = new PrintWriter(new OutputStreamWriter(
78                                    s.getOutputStream()), true);
79                            o.println("offline@" + username);
80                        }
81                        in.close();
82                        out.close();
83                        stop = true;
84                    } else if (operator.equals("talk")) {
85                        String toUsername = str.split("@")[1];//发送对象用户名
86                        String talkMessage = str.split("@")[2];
```

```
87
88                          PrintWriter p =
89                          new PrintWriter(new OutputStreamWriter
90                  (Server.username_socket.get(toUsername).getOutputStream()),true);
91                          p.println("talk@" + fromUsername + "@" + talkMessage);
92                  }
93              } catch (IOException e) {
94                  e.printStackTrace();
95              }
96          }
96      }
98  }
```

在代码13.4的ServerThread类中,服务器端接收由某客户端发来的字符串(见代码13.4的第17行),用"@"对字符串进行分割,如果第0部分是"login"的话,就进行登录检查(见代码13.4的第26行,这里暂时让所有的用户都通过登录检查)。

首先进行登录,登录成功后,第一,在Server.username_socket容器中取得所有在线用户的用户名,将在线用户名逐个发送给此新上线的用户(见代码13.4的第30行到第32行)。这里注意,容器username_socket是静态变量,用类名来引用;第二,在Server.username_socket容器中取得所有在线用户和服务器的网络连接对象socket,在每个socket上创建输出流,通过该输出流将当前新上线的用户名发送给每个在线用户(见代码13.4的第34行到第38行);第三,将当前新上线的用户名和socket加入Server.username_socket容器。这里的第三步必须在第一步和第二步之后,请自行解释原因。然后进行聊天,这里将聊天的功能单独写入一个方法talk中。

talk方法是服务器端与一个客户端进行交互的处理。如果收到客户端下线信息,则先将当前下线用户的键值对从Server.username_socket容器中删除。然后将当前下线用户名发送给所有其他在线用户(见代码13.4的第73行到第80行)。如果收到客户端聊天信息,则通过目的用户名,在Server.username_socket容器中取得目的用户的socket,在此socket上创建输出流,通过此输出流,将信息来源用户名和聊天信息发送过去(见代码13.4的第84行到第92行)。服务器端对聊天信息的转发是循环的,直到该客户端下线为止(见代码13.4的第66行的循环,stop初值为false,在客户端下线的时候,赋值为true,见代码13.4的第83行)。

另外,当多客户端登录时,多个ServerThread线程对象会并发访问服务器端的username_socket对象(在代码13.3的第3行定义)。为了实现多线程同步,保障线性安全,在ServerThread类中增加两个新的函数定义。

```
public synchronized static void addOnlineUser(String username,Socket socket){
    // 将新上线 username-socket 存入服务器端的 HashMap 对象 username_socket
    Server.username_socket.put(username, socket);
    System.out.println("新上线的用户:" + username);
}
public synchronized static void removeOfflineUser(String username){
    // 将下线 username-socket 从服务器端的 HashMap 对象 username_socket 中删除
```

```
            Server.username_socket.remove(username);
    }
```

将代码 13.4 中的第 40 行改为"addOnlineUser(username,socket);",将第 74 行改为"removeOfflineUser(username);"。

13.4 知识点拓展:主要的容器接口和类

1. 容器的概念

在 java.util 包中,有一系列的容器类,它们实现了以不同的存储方式去存储和管理批量数据,我们可以根据数据的特点选择适当的容器类。

容器只可以保存对象,不可以保存基本数据类型的变量。

2. 主要的容器接口和实现类

在 java.util 包中,Java 的容器类主要由两个接口派生出来——Collection 和 Map,如图 2.13.1 所示。(所谓接口,可以理解为一种特殊的类,其特殊性主要表现在所包含的方法都没有实现体,所以接口是不能直接拿来创建对象的。它主要提供一种规范,规定其实现类应该提供的功能,具体内容见第 16 章。)下面了解容器的主要接口和实现类。

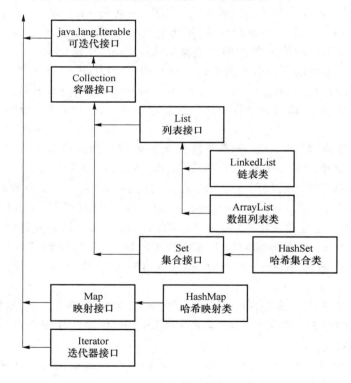

图 2.13.1 Java 主要容器类的结构图

(1) Collection 接口

Collection 接口是集合结构的父接口,规定了所有集合需要提供增加、删除、遍历等基本操作。这里的"集合"是一种通称,指多个对象放在一起。Collection 接口有两个常用的子接口:List 和 Set。

① List 接口

List 采用线性列表的数据结构,主要特点为:元素是有序的,可以根据索引来查找;元素允许重复;元素可以为空值 null。默认按照元素加入的顺序设置元素的索引。

注意:
- 加入列表的时候,元素必须连续地加入,不可以有间隔,否则会抛出下标越界异常。
- 访问列表下标范围外的元素时,会抛出列表下标越界异常。
- 输出容器对象时,会依次调用每个对象的 toString 方法,输出每个对象。

List 接口主要的典型实现类有 ArrayList、LinkedList。

ArrayList 类是数组列表类,是基于数组实现的列表(它具有数组的特点:在任意位置插入、删除元素都需要循环移位,效率较低;可以通过下标随机访问;按照下标顺序遍历的效率比 LinkedList 的高)。

【代码 13.5】 ArrayList 案例 1

```
1  //"产品"类
2  class Product{
3      private String id;          //产品有三个属性:id,name,price
4      private String name;
5      private int price;
6
7      public Product() {}    //无参构造方法
8      public Product(String id, String name, int price) {    //有参构造方法
9          this.id = id;
10         this.name = name;
11         this.price = price;
12     }
13     public String toString() {   //重写父类 Object 的方法
14         return "Product [id = " + id + ", name = " + name + ", price = " + price + "]";
15     }
16 }
17
18 public class Test13_5 {
19
20     public static void main(String[] args) {
21         Product p1 = new Product("001","apple",5);
22         Product p2 = new Product("002","orange",10);
23         Product p3 = new Product("003","banana",3);
24         ArrayList al = new ArrayList();    //创建 ArrayList 容器
25         al.add(p1);  //在容器中加入对象
26         al.add(p2);
27         al.add(p3);
28
```

```
29
30              //加入对象的时候,可以指出加入的下标
31              //必须在当前列表中间或者结尾加入,否则就会抛出数组下标越界异常
32              al.add(5,p3);//抛出异常,这里只能在下标3或者之前的位置加入
33
34              //可以按照下标随机访问
35              Product p = (Product)al.get(2);  //取出对象的时候,要类型强制转换
36              System.out.println(p);
37
38              //访问数组下标范围外的元素,会抛出数组下标越界异常
39      //      Product t = (Product)al.get(4);//此处抛出异常
40      //      System.out.println(p);
41
42              //依次调用每个元素的toString方法,输出每个对象
43      //      System.out.println(al);
44
45      //遍历方法1:
46              Product m ;
47              for(int i = 0;i<al.size();i++){
48                  m = (Product)al.get(i);
49                  System.out.println(m);
50              }
51      //遍历方法2:
52              for(Object o:al){
53                  m = (Product)o;
54                  System.out.println(m);
55              }
56      //遍历方法3:
57              Iterator iter = al.iterator();
58              while(iter.hasNext()){
59                  m =(Product)iter.next();
60                  System.out.println(m);
61              }
62          }
63     }
```

在上例中没有加入泛型,故容器中可以加入任何对象(都当作 Object 类型)。这样,但当从容器中取出对象时,要强制类型转换,而且不利于加入对象时的类型检查,所以,下面定义容器的时候用泛型去限定容器中对象的类型。

【代码 13.6】 ArrayList 案例 2
```
1  public class Test13_6 {
```

```java
2
3      public static void main(String[] args) {
4          Product p1 = new Product("001","apple",5);
5          Product p2 = new Product("002","orange",10);
6          Product p3 = new Product("003","banana",3);
7          //泛型
8          ArrayList<Product> al = new ArrayList<Product>();  //容器定义,加入泛型
9          al.add(p1);//加入集合的时候,编译会做类型检查
10         al.add(p2);
11         al.add(p3);
12
13         Product m = al.get(2);//取数据的时候,不需要做强制类型转换
14     }
15 }
```

LinkedList 类是链表类,以链表的方式实现列表(它具有链表的特点:在任意位置的插入、删除都都不需要元素移位,比 ArrayList 的效率高;它也可以按照下标随机存取,但是用下标随机存取的效率较低,用迭代器遍历比用下标遍历的效率高)。

【代码 13.7】 LinkedList 案例

```java
1  public class Test13_7 {
2
3      public static void main(String[] args) {
4          Product p1 = new Product("001","apple",5);
5          Product p2 = new Product("002","orange",10);
6          Product p3 = new Product("003","banana",3);
7          Product p4 = new Product("004","grape",13);
8
9          LinkedList<Product> ll = new LinkedList<Product>();
10
11         ll.add(p1);
12         ll.add(p2);
13         ll.add(p3);
14
15         System.out.println(ll.get(1));//按照下标随机访问元素
16         ll.add(1,p4);//按照指定位置插入元素
17         System.out.println(ll);
18
19         Iterator<Product> iter = ll.iterator();
20         while(iter.hasNext()){
21             System.out.println(iter.next());
22         }
23     }
24 }
```

（2）Set 接口

Set 就是数据结构中特指的"集合"，主要特点为：元素没有特定顺序；不允许元素重复；只能根据元素本身的值来查询。

Set 接口主要的典型实现类有 HashSet（哈希集合类）。

利用哈希算法来存储容器中的元素具有较好的存取和查询性能。〔当插入一个新元素时，调用该对象的 hashCode()方法得到该对象的 hashCode 值，根据 hashCode 值决定元素在容器中的存储位置。〕

【代码 13.8】　HashSet 案例

```
1   public class Test13_8 {
2       public static void main(String[] args) {
3           Set < String > hs = new HashSet < String >();
4           hs.add("hello");
5           hs.add("world");
6           hs.add("hello");
7           System.out.println(hs);
8           Iterator < String > iter = hs.iterator();
9           while(iter.hasNext()){
10              System.out.println(iter.next());
11          }
12      }
13  }
```

代码 13.8 的运行结果（重复元素不能成功插入）：

```
[world, hello]
world
hello
```

（2）Map 接口

Map 接口用来保存有映射关系的键值对（key-value），key 是不允许重复的，可以根据 key 来查询对应的 value。

Map 接口主要的典型实现类有 HashMap。

HashMap 如 13.2 节所述。

练　习

一、选择题

1. List 是一个 ArrayList 的对象，以下哪个选项的代码填到"//todo delete"处，可以在 Iterator 遍历的过程中正确并安全地删除一个 List 中保存的对象（　　）。

```
Iterator it = list.iterator();
int index = 0;
while (it.hasNext()){
```

```
Object obj = it.next();
if (needDelete(obj))    //needDelete 返回 boolean,决定是否要删除
{                       //todo delete
}
index ++;
}
```

A. it.remove(); B. list.remove(obj);
C. list.remove(index); D. list.remove(obj,index);

2. 对 Collection 和 Collections 描述正确的是(　　)。
A. Collection 是 java.util 下的类,它包含有各种有关集合操作的静态方法
B. Collection 是 java.util 下的接口,它是各种集合结构的父接口
C. Collections 是 java.util 下的接口,它是各种集合结构的父接口
D. Collections 是 java.util 下的类,它包含有各种有关集合操作的静态方法

二、编程题

1. 完成聊天工具中多客户端之间聊天的功能部分。
2. 进一步学习有关容器的主要 API。
3. 学习有关 static 的语法。

第 14 章 版本七 连接数据库

14.1 功能需求(连接数据库进行账户注册和登录)

(1)将用户的注册信息存入数据库。
(2)用户注册的时候,将帐号信息存入数据库,用户登录的时候,通过数据库中的注册信息进行验证的。

14.2 相关知识点:Java 数据库编程

通过使用 JDBC (JDBC 的全称是 Java DataBase Connectivity),Java 程序可以用相同的方式连接各种不同的数据库。通过发送执行数据库标准的 SQL 语句,完成对数据库的各种操作。

1. Java 数据库编程的基本步骤

(1)下载 JDBC 驱动程序。

JDBC 提供了统一的接口来连接不同种类的数据库,Java 编程连接不同数据库时有不同的实现类,那么在连接数据库的时候,就要根据不同的数据库加载不同的数据库驱动。这些驱动程序是由数据库厂商提供的。

现在要在 Java 程序中连接 Mysql 数据库,那么要先在 Mysql 的官网上下载 Java-Mysql 的连接驱动程序包,参考网址为 https://dev.mysql.com/downloads/connector/,下载到的压缩程序包名形如 mysql-connector-java-5.1.42.zip。解压此压缩程序包,取出驱动程序,文件名形如 mysql-connector-java-5.1.42.jar。

(2)在 Eclipse 中设置 Mysql 驱动程序包的路径,如图 2.14.1 所示。

在 Eclipse 工作区视窗中,右击项目名→Properties→Java Build Path→add External JARs,选择硬盘中已经下载的 Java-Mysql 的驱动程序包(jar 文件)。

(3)安装 Mysql 数据库,启动 Mysql 服务并登录 Mysql 服务器(见本章的知识点拓展)。创建数据库(库名假设取 qq),在数据库中创建数据表(表名假设取 users,有 id、username、password 三个字段)。

mysql > create database qq;

mysql > use qq;

mysql > create table users(id int not null auto_increment,username varchar(8) not null,primary key(id) ,password varchar(8) not null);

(4)使用 JDBC 进行数据库编程。其基本步骤包括 3 个。

① 连接数据库。

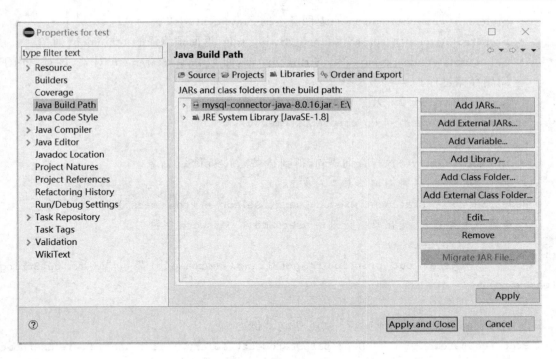

图 2.14.1　Eclipse 中设置 Mysql 驱动程序包的路径

② 执行 SQL 语句。

③ 获得 SQL 执行结果。

2. 使用 JDBC 进行数据库编程的方法

（1）加载数据库驱动。使用 Class 类的静态方法 forName()，参数字符串是数据库驱动类所对应的字符串，对不同的数据库是不同的，这在数据库厂商提供的驱动程序文档中会有说明。

例如，加载 Mysql 的驱动采用如下代码（数据库版本不同，对应的驱动字符串也不同，请查阅相关文档）：

Class.forName("com.mysql.cj.jdbc.Driver");

加载 oracle 的驱动采用如下代码：

Class.forName("oracle.jdbc.driver.OracleDriver");

（2）通过 DriverManager 获取数据库连接。需要传入 3 个参数：数据库的 URL、登录数据库的用户名和密码。登录用户应该是具有数据库相应权限的。不同数据库的 URL 是不同的，在数据库厂商提供的驱动程序文档中会有说明。例如，Mysql 的 URL 的写法如下：

jdbc:mysql://机器名或者 IP 地址:端口号/数据库名

oracle 的 URL 的写法如下：

jdbc:oracle:thin:@机器名或者 IP 地址:端口号:数据库名

//本例是连接本机的 Mysql 中的 qq 数据库，Mysql 的默认端口号是 3306

//登录帐号是 root，密码为空（Mysql 的 root 初始密码为空）

Connection cn = DriverManager.getConnection("jdbc:mysql://127.0.0.1:3306/qq", "root", "");

（3）通过 Connection 对象创建 Statement 对象。方法有 3 种。

- Statement createStatement():返回基本的 Statement 对象。
- PrepareStatement prepareStatement(String sql):返回预编译的 Statement 对象。
- CallableStatement prepareCall(String sql):返回 CallableStatement 对象,该对象用于调用存储过程。

```java
//本例使用 Connection 对象创建一个 Statement 对象
Statement statement = cn.createStatement();
```

(4) 执行 SQL 语句。

- 用 executeQuery()执行查询语句,得到结果集 ResultSet 对象。

```java
//执行 SQL 语句,获得查询结果集对象 rs
ResultSet rs = statement.executeQuery("select * from users");
//遍历结果集对象,输出每条记录的 username 和 password 字段的值
    while (rs.next()) {
        System.out.println(rs.getString(username) + "    " + rs.getString(password));
    }
```

- 用 PreparedStatement()执行 SQL 语句。例如,

```java
PreparedStatement ps = cn.prepareStatement("select * from users where username = ? and password = ?");
ps.setString(1, "lily");
ps.setString(2, "123");
ResultSet rs = ps.executeQuery();
if(rs.next()){
    System.out.println("registered user!");
        }else{
    System.out.println("not registered!");
    }
```

又例如,

```java
PreparedStatement ps = cn.prepareStatement("insert into student(name,age) values(?,?)");
ps.setString(1, "peter");
ps.setString(2, "23");
ps.executeUpdate();
```

- 用 executeUpdate()执行 DDL 语句(Data Definition Language),返回 0。

```java
statement statement = cn.createStatement();
statement.executeUpdate("create table student(id int not null auto_increment primary key,name varchar(8) not null,age int not null);");
```

- 用 executeUpdate()执行 DML 语句(Data Manipulation Language),返回受影响的记录条数。

```java
statement statement = cn.createStatement();
statement.executeUpdate("insert into student(name) values("lily",20);");
```

14.3 实现参考(连接数据库进行账户注册和登录)

代码 14.1、14.2 和 14.3-1

代码 14.1、14.2 和 14.3-2

代码 14.1、14.2 和 14.3-3

在服务器端增加一个类 DBConnect，用来连接数据库，通过连接数据库进行相应的操作。

【代码 14.1】 DBConnect 类

```
1   class DBConnect {
2       static Connection cn;
3       static {
4           try {
5               Class.forName("com.mysql.cj.jdbc.Driver");    //加载数据库驱动
6               cn = DriverManager.getConnection(
7                       "jdbc:mysql://127.0.0.1:3306/qq?serverTimezone=UTC",
8                       "root", "My@sql#123!test");
9                       //获得数据库连接,此处请替换为实际的 mysql 数据库的 root 密码!
10                      //有的 mysql 版本需要设置 serverTimezone
11          } catch (ClassNotFoundException e) {
12              e.printStackTrace();
13          } catch (SQLException e) {
14              e.printStackTrace();
15          }
16      }
17
18      public static boolean regist(String username, String password) {
                                                                    //"用户注册"方法
19          PreparedStatement ps;
20          try {
21              ps = cn.prepareStatement("insert into users
                                    (username,password) values(?,?)");
22              ps.setString(1, username);
23              ps.setString(2, password);
24              if (ps.executeUpdate() > 0) {
25                  return true;
26              } else
27                  return false;
```

```
28              } catch (SQLException e) {
29                  e.printStackTrace();
30                  return false;
31              }
32          }
33
34          public static boolean login(String username,String password) {  //"用户登录"方法
35              PreparedStatement ps;
36              try {
37                  ps = cn.prepareStatement("select * from users where username = ?
38                                              and password = ?");
39                  ps.setString(1, username);
40                  ps.setString(2, password);
41                  if (ps.executeQuery().next())
42                      return true;
43                  else
44                      return false;
45              } catch (SQLException e) {
46                  e.printStackTrace();
47                  return false;
48              }
49          }
50      }
```

将连接的数据库的操作以及需要通过数据库进行的操作(注册、登录)都写在一个单独的类 DBConnect 中。

服务器启动时需要连接数据库,并且只需要连接一次,获得的和数据库的连接对象是唯一的,由此,将连接的数据库写在一个静态代码块中(见代码 14.1 中的第 3 行到第 16 行)。静态代码块在程序加载的时候会执行,并且只执行一次。服务器端程序和数据库建立的连接对象是静态 static 的(见代码 14.1 的第 2 行)。开发程序的时候,我们把数据库和服务器端程序放在同一台机器上,Mysql 的端口号是默认端口 3 306,连接的数据库名为 qq(见代码 14.1 的第 7 行到第 8 行)。注意,在测试程序的时候要把登录数据库的密码改为实际的 root 密码。

用户注册的方法是静态方法,将传入的 username 和 password 构成插入 sql 语句,发送给数据库执行。若执行成功,则注册成功,返回 true;否则,注册失败,返回 false,见代码 14.1 的第 18 行到第 32 行。

用户登录的方法是静态方法,将传入的 username 和 password 构成查询 sql 语句,发送给数据库执行。如果查询到记录,则表示通过了登录检查,返回 true;如果没有查询到记录,则表示未通过登录检查,返回 false,见代码 14.1 的第 34 行到第 49 行。

【代码 14.2】 ServerThread 类

```
1   //ServerThread 类,负责服务器与一个客户端的交互
2   class ServerThread extends Thread {
3       private Socket socket;
4       BufferedReader in;
```

```java
5       PrintWriter out;
6       boolean stop = false;         //将 stop 变量从 talk 函数中移到此处,用户下线则结束循环
7
8       public ServerThread(Socket socket) {
                                      // 由构造方法接收传入的网络连接对象 socket
9           this.socket = socket;
10      }
11
12      public void run() { //由每个线程来负责与每个客户端的交互
13          try {
14              in = new BufferedReader(new InputStreamReader
                                (socket.getInputStream()));
15              out = new PrintWriter(new OutputStreamWriter
                                (socket.getOutputStream()), true);
16              while (!stop) {   //此处增加一个循环,接收客户端多次注册
17                  String str = in.readLine(); // 接收客户端发来的信息
18                  String op = str.split("@")[0]; // 用"@"分拆,第 0 部分是信息类型
19                  String username = str.split("@")[1];
                                      // 用"@"分拆,第 0 部分是用户名
20                  String password = str.split("@")[2];// 用"@"分拆,第 1 部分是密码
21
22                  if (op.equals("login")) { // 登录操作
23                      // 先取消登录检查,让所有用户直接用不同的用户名登录
24                      // if (username.equals("aaa") && password.equals("111")) {//
25                      // 简化登录检查
26                      if (DBConnect.login(username, password)) {// 连接数据库登录
27                          out.println("loginOK");// 登录成功回复
28
29                          // 将当前在线用户名逐个发送给此新上线的用户
30                          for (String u : Server.username_socket.keySet()) {
31                              out.println("online@" + u);
32                          }
33                          // 将此新上线的用户名逐个发送给所有已经在线的用户
34                          for (Socket s : Server.username_socket.values()) {
35                              PrintWriter o = new PrintWriter(
36                                  new OutputStreamWriter(s.getOutputStream()), true);
37                              o.println("online@" + username);
38                          }
39                          // 将此新上线用户名-socket 存入服务器的 HashMap 对象 username_socket:
40                          Server.username_socket.put(username, socket);
41
```

```java
42                    talk(username);// 调用 talk 方法进行聊天
43
44                    // 客户端成功登录后,不断地接收客户端发送来的信息
45                    // while (true) {
46                    // System.out.println(in.readLine()); }
47                    //
48                } else {
49                    out.println("loginNO");// 登录失败回复
50                }
51            } else if (op.equals("regist")) {// 连接数据库注册
52                if (DBConnect.regist(username, password)) {
53                    out.println("registOK"); // 注册成功回复
54                } else {
55                    out.println("registNO");
56                }
57            }
58        }    //while (!stop)结束
59    } catch (IOException e) {
60        e.printStackTrace();
61    }
62 }
63 //聊天方法,登录成功之后,一个客户端和服务器端之间的交互
64 private void talk(String fromUsername) {
65     //boolean stop = false;                    //移到所有函数的前面
66     String str;
67     String operator;
68     PrintWriter o;
69     while (!stop) {
70         try {
71             str = in.readLine();
72             operator = str.split("@")[0];
73             // 服务器收到客户端下线信息:
74             if (operator.equals("offline")) {
75                 String username = str.split("@")[1];
76                 // 服务器端 username_socket 删除此用户信息:
77                 Server.username_socket.remove(username);
78                 // 通知所有其他在线用户,此用户下线:
79                 for (Socket s : Server.username_socket.values()) {
80                     o = new PrintWriter(
81                         new OutputStreamWriter(s.getOutputStream()), true);
82                     o.println("offline@" + username);
```

```
83                    }
84                    in.close();
85                    out.close();
86                    stop = true;
87                } else if (operator.equals("talk")) {
88                    String toUsername = str.split("@")[1];// 发送对象用户名
89                    String talkMessage = str.split("@")[2];
90
91                    PrintWriter p = new PrintWriter(new OutputStreamWriter(
92                        Server.username_socket.get(toUsername).getOutputStream()),
                            true);
93                    p.println("talk@" + fromUsername + "@" + talkMessage);
94                }
95            } catch (IOException e) {
96                e.printStackTrace();
97            }
98        }
99    }
100 }
```

在代码14.2中，当服务器收到客户端的登录请求时，就调用DBConnect类的login()方法进行登录检查，因为login()是静态方法，所以可以用类名直接调用，见代码14.2的第26行，如果返回true，则表示登录成功。

当服务器收到客户端的注册请求时，就调用DBConnect类的regist()方法进行注册，因为regist()是静态方法，所以可以用类名直接调用，见代码14.2的第52行。

客户端的程序如下。

【代码14.3】 LoginFace 类

```
1  //其他部分均不变，此处略去
2      public void actionPerformed(ActionEvent e) {
3          // 用户名或密码为空
4          if (tUsername.getText().trim().equals("") ||
5              new String(tPassword.getPassword()).trim().equals("")) {
6              JOptionPane.showMessageDialog(f,"用户名密码不能为空",
7                      "",JOptionPane.WARNING_MESSAGE);
8              tUsername.requestFocus(true);
9          } else {
10             String str = e.getActionCommand().trim();// 获得事件源按钮上的标签
11
12             String username = tUsername.getText();
13             String password = new String(tPassword.getPassword());
14
15             // 如果按钮上的标签是"登录"或者是在密码输入框中单击回车键
16             if (str.equals("登录") || e.getSource() == tPassword) {
```

```
17              System.out.println("登录");// 此句用于测试
18              // 将用户名和密码拼接为一个字符串,发送给服务器端:
19              outToServer.println("login@" + username + "@" + password);
20              try { // 获得服务器端对登录操作的应答:
21                  String answer = inFromServer.readLine();
22                  // 如果服务器端应答为"loginOK",则表示登录成功
23                  if (answer.equals("loginOK")) {
24                      // 将当前用户与服务器端的输入输出流对象和用户名
25                      //通过 TalkFace 的构造方法传递过去:
26                      TalkFace talkFace =
27                          new TalkFace(inFromServer,outToServer, username);
28                      talkFace.makeface();
29                          f.setVisible(false);
30                          f.dispose();
31                  } else if (answer.equals("loginNO")) {
32                      //如果服务器应答为"loginNO",则表示登录失败
33                      JOptionPane.showMessageDialog(f, "对不起,登录失败");
34                      tUsername.setText("");
35                      tPassword.setText("");
36                      tUsername.requestFocus();
37                  }
38              } catch (IOException e1) {
39                  e1.printStackTrace();
40              }
41          } else if (str.equals("注册")) {
42              outToServer.println("regist@" + username + "@" + password);
43              String answer;
44              try {
45                  answer = inFromServer.readLine();
46                  if (answer.equals("registOK")) {
47                      JOptionPane.showMessageDialog(f, "注册成功!");
48                      tUsername.setText("");
59                      tPassword.setText("");
50                  } else if (answer.equals("registNO")) {
51
                        JOptionPane.showMessageDialog(f, "对不起,注册失败");
52                  }
53              } catch (IOException e1) {
54                  e1.printStackTrace();
55              }
56          }
```

```
57          }
58      }
```

在客户端,当用户输入用户名和密码后单击"注册"按钮时,就向服务器端发送注册请求字符串,见代码 14.3 的第 41 行。这里简化了注册程序,没有进行注册信息合法性检查(如用户名和密码的非空检查、安全性检查等,大家可以自行加入)。

14.4 知识点拓展:数据库的基本操作

1. 关系数据库系统

关系数据库是目前应用最广泛、最重要的数据库。关系数据库以关系模型作为数据的组织存储方式。一个关系数据库通常是由若干个二维数据表组成,这些数据表简称为表。数据库中的所有数据和信息都保存在这些表中。数据库中的每个表都有唯一的表名,表中的行称为记录,列称为字段。在定义表的时候,要规定表中的每一列的字段名称、数据类型、宽度等属性,而每一行包含了这些字段的具体数据。举例如下:假设有一个数据库,数据库名称为 studentData,数据库中有 3 个表,分别是 student(学生表)、course(课程表)、score(成绩表),如表 2.14.1 至表 2.14.3 所示。

表 2.14.1　student(学生表)

sno(学号)	sname(姓名)	sex(性别)	age(年龄)	dept(系别)
201801001	肖剑	男	18	计算机
201801002	尤勇	男	19	计算机
201801003	潘越云	女	19	计算机
201802001	李俊肖	男	17	金融
201803001	周静宜	女	18	管理

表 2.14.2　course(课程表)

cno(课程号)	cname(课程名)	credit(学分)/个
c001	大学英语	4
c002	高等数学	6
c003	线性代数	3
c004	统计学	3
c005	概率论	3
c006	体育	2

表 2.14.3　score(成绩表)

sno(学号)	cno(课程号)	grade(成绩)/分
201801001	c001	80
201801001	c002	76
201801001	c003	77
201801002	c001	56
201801002	c002	67
201801002	c003	78
201801003	c001	88
201801003	c002	78
201801003	c003	89

2. 完整性约束

数据库中的数据表在定义的时候要规定每个字段的名称、类型、宽度等信息。在向数据表插入数据的时候,要满足约束条件。需要满足的完整性约束一般有 3 种:域约束、主键约束、外键约束。域约束和主键约束只涉及单个表,外键约束涉及多个表。

(1) 域约束

域约束就是规定一个表的字段允许的数据类型,如整型、浮点型、字符串等。在标准数据类型的取值范围上,可以附加更小的范围约束,如表 2.14.3 中的 grade 值就必须大于或等于 0 且小于或等于 100。

有些字段是允许为空(null)的,空值是数据库中的特殊值,表示未知或不确定,如表 2.14.1 中的 dept 就可以为空。

(2) 主键约束

在表中,可以用一个字段或者若干个字段唯一确定一条记录,这一个字段或者若干个字段就称为主键。主键不允许为空,不可以重复的。例如,表 2.14.1 中的 sno 就是主键,表 2.14.2 中课程的 cno 是主键。

(3) 外键约束

若一个表中的某个字段(或者字段组合)不是该表的主键,却是另一个表的主键,则称这样的字段为该表的外键。外键是表与表之间的纽带。例如,在表 2.14.3 中,sno 不是成绩表的主键,但是是学生表的主键,所以 sno 就是成绩表的外键,通过 sno 可以使成绩表和学生表建立联系。在成绩表中插入的记录中,所有的 sno 都必须是学生表中存在的值。

在表定义的时候,一般都要给出表的域约束和主键约束。在插入具体数据的时候,要符合以上 3 种约束。

3. 结构化查询语言

结构化查询语言(Structured Query Language,SQL)是一种数据库查询和程序设计语言,用于存取数据以及查询、更新和管理关系数据库系统。标准 SQL 可以用于 SQL Server、MySQL、Oracle 等各种关系数据库系统。在和 SQL 有关的格式描述中,常见的一些符号含义如下。

[ ]:表示可选项,方括号中的内容可以选择,不选用的时候,使用系统默认值。

{ }:表示必选项,大括号中的内容必须要提供。

< >:表示尖括号中的内容是用户必须提供的参数。

|:表示只能选一项,竖线分割多个选择项,用户必须选择其中之一。

[,…n]:表示前面的项可重复 n 次,相互之间以逗号隔开。

SQL 不区分大小写。

下面介绍一些基本的 SQL 命令。

(1) 创建数据库

CREATE DATABASE <数据库名>;

例如,

CREATE DATABASE studentData;

(2) 创建表

CREATE TABLE <表名>(<字段名> <数据类型> [<字段完整性约束>][,<字段名> <数据类型> [<字段完整性约束>]]…[,<表级完整性约束>]);

例如,
```
CREATE TALBE student(sno CHAR(9) NOT NULL PRIMARY KEY,
                    sname CHAR(12) NOT NULL,
                    sex CHAR(2),
                    age INT,
                    dept CHAR(50));
CREATE TALBE course(sno CHAR(9) NOT NULL PRIMARY KEY,
                    cname CHAR(30) NOT NULL,
                    credit INT);
CREATE TALBE score(sno CHAR(9) NOT NULL,
                   cno CHAR(9) NOT NULL,
                   grade FLOAT,
                   PRIMARYKEY(sno,cno));
```

(3) 删除表

DROP TABLE <表名>;

删除表之后,表中所有数据将被删除并不能恢复,所以删除表的操作要谨慎。

例如,

DROP TABLE student;

(4) 插入数据

INSERT INTO <表名> [(<字段名[,<字段名>]…>)] VALUES (<值>[,<值>…);

例如,

INSERT INTO student(sno,sname,sex,age,dept) VALUES('201801009','吴维','男',18,'计算机');

(5) 修改数据

UPDATE <表名> SET <字段名> = <表达式>[,<字段名> = <表达式>,…][WHERE <条件>];

例如,

UPDATE student SET dept ='管理' WHERE sno = '201801001';

(6) 删除数据

DELETE FROM <表名> [WHERE <条件>];

例如,

DELETE FROM student WHERE sno = '201801001';

(7) 数据查询

SELECT [ALL | DISTINCT] [TOP n [PERCENT]] { * |{<字段名>|<表达式>|
    [[AS] <别名>] | <字段名> [[AS] <别名>] }[,…n]}
FROM <表名> [WHERE <查询条件>]
[GROUP BY <字段名表>[HAVING <分组条件>]]
[ORDER BY <次序表达式>[ASC | DESC]];

例如,

SELECT sno AS 学号,sname AS 姓名 FROM student;

SELECT * FROM student WHERE dept ='计算机';

SELECT * FROM student WHERE dept ='计算机' AND sex = '男';
SELECT * FROM student WHEREsname LIKE '李%'
SELECT AVG(grade) AS 平均成绩 FROM score;
SELECT sno,grade FROM score WHERE cno = 'c001' GROUP BY grade DESC;
SELECT cno,COUNT(*) AS 人数 FROM score GROUP BY cno;
SELCET sno,cno,grade FROM student,score WHERE student.sno = score.sno AND sno = '201801001';

4. Mysql 数据库的下载、安装

(1) Mysql 安装包的下载

在 Mysql 官网 https://dev.mysql.com/downloads/mysql/ 下载 Mysql 安装包,如图 2.14.2 所示。

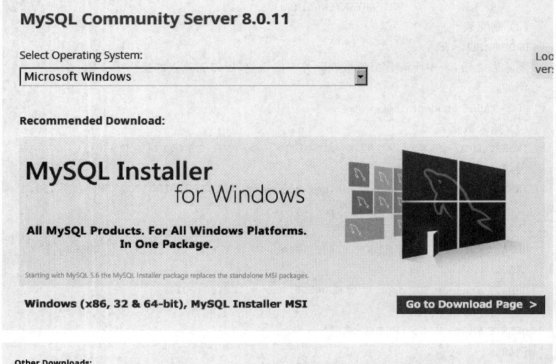

图 2.14.2 在官网上下载 Mysql 的安装程序

下载完成后,将 zip 包解压到相应的目录,这里将解压后的文件夹放在 D:\mysql-8.0.11 下。也可以下载其他类型的安装程序(如.exe 文件),进行安装。

(2) Mysql 服务器的配置、启动和客户端的登录
请查阅实际安装版本所对应的 Mysql 文档。

练 习

1. 下载、安装 Mysql 数据库,并配置、启动数据库。
2. 登录 Mysql 数据库,建立数据库 qq。在 qq 数据库建数据表 users。users 表的结构为 "id(int,非空,自增长,主键),username(varchar(8),非空),password(varchar(8),非空)"。
3. 完成聊天工具中通过数据库进行注册和登录的功能。
4. 自行学习各种 SQL 命令语句的使用方法。

第3篇 实现一个简单的软件架构设计

1. 软件的质量

前面我们实现了一个简单的聊天工具,学习了 Java SE 中主要类库的使用。整个的编程过程是以完成软件需求为目标的。在聊天程序的开发中,界面功能、联网功能、聊天功能、在线用户管理功能等各个功能的实现细节基本都写在一起,代码之间联系紧密,没有划分模块和层次。

不同部分的代码联系紧密,耦合度较高,导致当其中的某些功能需要改变时,基本上需要对整个程序进行检查和修改,对于一部分的改动,可能需要修改程序若干的地方。并且,很容易因为一部分的改动而出现与其他部分的程序的不一致、不能正常连接的情况。这样的程序可维护性和可扩展性比较低,也可以说软件的质量比较差。

软件的质量体现在不同的方面,我们可以以一种 McCall 软件质量模型为例,对软件的质量进行了解,如图 3.0.1 所示。

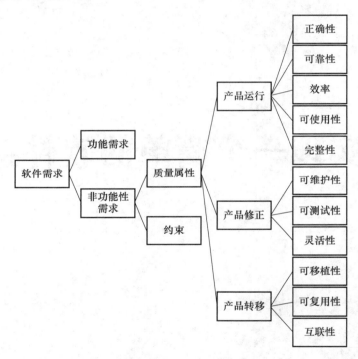

图 3.0.1 McCall 软件质量模型

在开发软件的时候,除了要实现项目的功能性需求、可靠性需求、效率需求外,还要保证一定的可维护性、可扩展性、可移植性等。

第一,程序中如果有大量相似的代码,应该抽取为公共的部分,尽量提高代码的复用程度,减少代码重复。

第二,经常会有这样的情况:一个软件的核心功能是不变的,但是界面可以更换("换皮肤");或者软件的业务功能不变,但是要更换通信技术或者数据库类型;或者软件功能有部分的改变或者增加等。如果当修改或者增减某些部分内容时,其他部分内容是稳定的,并且新的部分和原有部分可以方便地连接,那么这样的代码就具有较高的可维护性、可扩展性。

2. 软件架构设计

软件本身的特征决定了它在软件开发的过程中以及软件投入使用后，都需要不断地迭代更新。软件开发不仅要实现功能需求，还要兼顾软件的可扩展性、可维护性、高复用性，这就需要从软件的架构设计着眼，而不是只从需求的实现着眼。

当今，每个行业的生产模式基本都是通过高度的专业性分工来实现的，每个细分模块实现的细节都封装在模块内部，向外只暴露连接的接口。细分模块通过事先确立的接口连接在一起，成为一个产品。各个模块体现高内聚、低耦合的特点。软件的生产方式和其他行业也是共通的。下面介绍一个计算机生产的例子。

计算机的生产厂家需要生产计算机的每一种配件吗？当然不需要。几乎每一种配件都由专门的厂家生产，如主板、内存、显卡、网卡等。不同厂家生产的同一种配件是不相同的，那么为什么不同厂家生产的配件可以组装为一部计算机呢？而且，用购买的新配件替换掉原有的某个配件后，为什么整个计算机还可以正常工作呢？这是因为每一类配件都遵从特定的标准接口，这样不管配件的具体制造方式是什么，只要符合接口，配件就可以插入计算机主板的特定插槽中，和其他部件协同工作。由此，事先确定配件的接口是很重要的，就算配件的实现方式不同或者改变了，也是可以方便替换的，而且整个系统的结构是不变的，配件的替换不会影响到整个结构和其他的配件。如图 3.0.2 所示，主板上的各种插槽以及各种配件都遵从特定的接口方式。

图 3.0.2　计算机主板示意图

不仅仅是计算机，其他很多的产品也是依照这样的生产方式生产的，先制定行业产品的接口标准，然后各种配件的厂家就可以同步研发和生产，最终各种配件可以组装为成品。现代社会的专业化程度越来越高，如果由一个厂家生产所有的配件，那么工作效率是很低的，很多时候这也是不可能的。

同理，把整个软件划分为不同的软件部件时，首先需要定义软件部件的接口，而软件部件是面向接口进行开发的，这样软件部件具有相对独立性，软件部件的修改、扩展、替换都会比较灵活，不会影响到其他部件和整个软件结构。划分软件结构、定义软件各部分之间的接口就是在实现软件具体功能前要进行的软件架构设计工作。

当前的应用软件开发一般都采用多层的体系结构,具体的层次划分方式要视项目的规模特点而定,在一般情况下,可以划分为表现层、业务层、数据层,如图3.0.3所示。

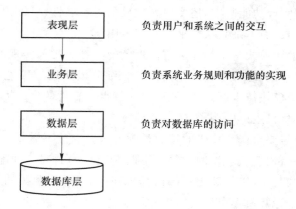

图 3.0.3　软件开发多层体系结构示意图

每个层完成特定的功能,层与层之间存在自上而下的依赖关系,即上层组件会访问下层组件提供的接口,而下层组件不依赖上层组件。例如,表现层调用业务层的功能,而业务层调用数据层的功能。每个层对上层公开调用接口,但是隐藏具体的实现细节。当某一层的实现发生变化时,只要它的调用接口不变,就不会影响其他层的实现,这样就提高了软件的可维护性,也提高了代码的重用性(例如,多种表现层可以共用业务层),也提高了项目管理和分工并行的效率。

下面以一个公司人员信息管理系统的基本软件架构设计为例,开始了解基本的面向对象程序设计。

3. 总体需求

公司人员信息管理系统的需求说明如下。

(1) 公司存在若干个部门,每个部门有若干个员工,每个员工只能属于一个部门。要求完成部门和员工的增加、删除、修改、查询功能。

(2) 部门的属性:部门编号(系统自动编码)、部门名称、部门人数。员工的属性:员工编号、姓名、性别、出生日期、部门编号、电话号码。

相关的数据库设计如图3.0.4所示。

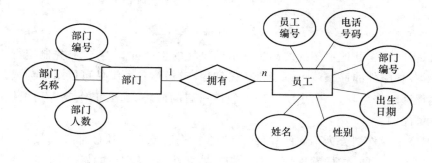

图 3.0.4　公司人员信息管理系统的实体-联系图(E-R图)

数据库模型如图3.0.5所示。

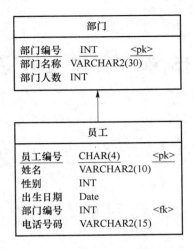

图 3.0.5 数据库模型

相关的建库操作如下。

在 Mysql 服务器创建数据库 hr,在 hr 数据库中创建数据表:部门表(dept)、员工表(emp)。

mysql > create database hr;

mysql > use hr;

mysql > create table dept(id int not null auto_increment,name varchar(10) not null,primary key(id) ,count int);

mysql > create table emp(id char(4) not null,name varchar(10) not null, sex int, birthday date,deptid int,tel varchar(15), primary key(id));

第 15 章 实体类的定义

在学习这部分之前,你可以选择尝试一下附录中的 Alice,认识一下面向对象的编程理念。

15.1 设计目的

面向对象的引入

根据需求可知,任何一个员工都是由员工编号、姓名、性别、出生日期、部门编号、电话号码 6 个属性组成的,应该把员工所有的属性和对属性的基本操作封装成一个独立的类,也就是所谓的实体类。当传递一个员工信息时,可以把一个员工看作一个整体,传递一个完整的对象,而不是传递 6 个值,这样可以减少传递的参数个数,而且当软件需求有改变,员工的属性出现增加、减少的情况或者员工的基本属性操作有改变时,只需要修改实体类定义,而不需要改变其他使用实体类对象的地方。例如,要传递一个员工的信息时,可以用如下语句:

void trans(String id,String name,int sex,Date birthday,int deptid,String tel)

如果有一个类 Emp 将员工的所有属性都封装在一起,那么传递一个员工的信息就是传递一个员工的对象:

void trans(Emp emp)

在一般情况下,在数据库中一个代表数据实体的数据表对应程序中的一个实体类,在当前案例中,有两个实体类:Emp(员工)、Dept(部门)。首先要设计这两个实体类,每个实体类需要包含实体的所有属性和对属性的基本操作方法。

15.2 相关知识点:类与对象、封装

类和对象-1

类和对象-2

类和对象-3

1. 类与对象

(1) 定义类的作用

每种计算机语言都有自己的数据类型,但是数据类型的种类都很有限。Java 的基本数据类型有 4 种:整型、浮点型、字符型、布尔型。我们编写程序是为了管理和处理数据对象,而我们面对的对象是多种多样的。例如,我们在做一个公司人员信息管理系统时,面对的对象是公司员工,对每个员工需要管理若干数据:员工编号、姓名、性别、出生日期、所属部门、电话号码

等。假设,一个员工需要6个变量来存储信息,那么100个员工就有600个变量。在这种情况下,每个员工并不是一个整体,而是由若干数据组成的,这就造成数据总的个数多,数据的结构松散。当员工属性需要修改时,如再加入一项QQ号码等,那么就需要在员工出现的所有地方都做修改。

如果有一个叫作"员工"的数据类型,就可以用"员工"类型来定义"员工"变量,那么就把每个员工当成了整体来操作,这样数据的粒度增大了,数据的数量减少了,编程的复杂度下降了。

在"员工"类型中,将统一定义"员工"具有的属性以及"员工"遵守的操作方法。每一个"员工"实例对象,都包含"员工"类型中定义的属性,都可以通过调用"员工"类型中定义的操作方法进行操作。

Java中肯定没有一个基本数据类型叫作"员工",程序员需要自己根据面向的对象,抽取对象的共同属性和行为来定义数据类型,我们把这些自定义数据类型叫作类,用自定义数据类型定义的变量叫作对象。

现在,让我们来学习怎样定义一个自定义数据类型——类,怎样用类来定义变量——对象。

(2)类的定义方法

【代码15.1】

需求:定义"矩形"类,这个类包含共通的属性——矩形的长和矩形的宽,包含共通的操作方法——求矩形的周长和矩形的面积。

```
1  class Rectangle{                    //定义类 Rectangle
2      double width;
3      double height;
4
5      double getArea(){               //矩形的求面积方法
6          double area = width * height;
7          return area;
8      }
9
10     double getPerimeter(){          //矩形的求周长方法
11         double perimeter = 2 * (width + height);
12         return perimeter;
13     }
14 }
15
16 public class Test15_1 {              //测试类
17
18     public static void main(String[] args) {
19         Rectangle rectangle = new Rectangle();
                                        //创建Rectangle类的对象rectangle
20         rectangle.width = 3.5;       //给rectangle对象的width赋值
21         rectangle.height = 4.5;      //给rectangle对象的height赋值
```

```
22
23            System.out.println("面积 = " + rectangle.getArea());
                                                      //输出对象 rectangle 的面积
24            System.out.println("周长 = " + rectangle.getPerimeter());
                                                      //输出对象 rectangle 的周长
25        }
26    }
```

在代码 15.1 中，第 1 行到第 14 行定义了一个 Rectangle 类，作为一个数据类型，Rectangle 类规定了所有的"矩形"对象，"矩形"对象都有 width(宽)和 height(高)两个属性，也叫作成员变量，见第 2 行和第 3 行。Rectangle 类也规定了所有"矩形"对象求面积的方法〔getArea()〕和求周长的方法〔getPerimeter()〕，见第 5 行到第 13 行。

类的定义由两部分内容组成：属性(叫作成员变量)和方法(叫作成员方法)。属性和方法定义了一个类所有具体对象共同具有的属性和共同遵循的行为。

(3) 类和对象

Rectangle 是一个类(可以理解为自定义数据类型)，类可以用来定义一个对象(等同于之前的变量)rectangle，见代码 15.1 的第 19 行。

我们看到，自定义数据类型定义对象和内置数据类型定义对象的方法是不同的。

① 内置数据类型定义对象

形如：

`double a = 3.14;`

给变量 a 分配内存空间，然后通过赋值在空间中存入 3.14。

② 自定义数据类型定义对象

形如：

`Rectangle rectangle = new Rectangle();`

赋值号左边的 Rectangle rectangle 定义了 Rectangle 类的对象 rectangle，分配了内存空间，用来保存 rectangle 对象的首地址，这叫作引用；赋值号右边的 new Rectangle()申请了实际的对象空间(包括 width 和 height 的空间)，然后将对象空间的首地址赋值给引用空间。

用 new 开辟的内存空间和不是用 new 开辟的内存空间的管理方式是不同的，前者属于堆空间，后者属于栈空间。

类定义对象时，内存分配的过程如下。

第一，在栈中开辟一个空间给 rectangle 对象，叫作引用空间。这个引用空间用来存放 rectangle 对象的首地址，在没有赋值之前，引用空间中的值是随机值。

第二，用 new 开辟对象的实际空间。这个实际空间包括为 width 和 height 开辟的空间。用 new 开辟的空间属于堆空间，堆空间有默认初值，这里 width 和 height 是 double 类型，默认初值都是 0.0。在类(class)中定义的成员变量〔如 width(宽)和 height(高)〕在类的内部是可以直接访问的。在类的外部，成员变量要用"对象名.变量名"的形式来访问，见代码 15.1 的第 20 行和第 21 行。

第三，将对象的引用(对象空间的首地址)赋值给 rectangle 对象的引用空间。

因此，所有的对象名在本质上指代的是对象的引用，自定义类型均可以统称为引用类型。

通过图 3.15.1 来区别两种变量在内存分配空间的不同。

```
double a = 3.14;
Rectangle rectangle = new Rectangle();
```

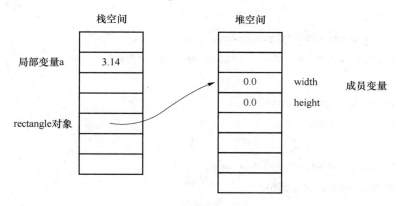

图 3.15.1　局部变量和成员变量的内存空间

注意：在图 3.15.1 中，箭头表示的意思是，箭头指向空间的首地址保存在箭尾所在的空间。

栈空间和堆空间是两种管理方式不同的内存区域，主要的区别如下。

① 栈空间没有默认初值，没有赋值之前是随机值；堆空间有默认初值，默认初值由数据类型决定（整型是 0，浮点类型是 0.0，布尔类型是 false，字符类型是'\0'，引用类型是 null）。

② 局部变量保存在栈空间中，在变量生命周期结束的时候，自动回收；成员变量保存在堆空间中，当对象成为没有引用指向的"垃圾"时，由 Java 垃圾收集进程负责回收。例如，上例中的 rectangle 变量是在 main() 函数中定义，当 main 函数结束时，rectangle 变量空间会自动释放，而之前 rectangle 中保存着对象空间的首地址，当 rectangle 变量被释放后，对象空间就变成没有引用指向的"垃圾"，由 Java 垃圾收集进程负责回收。

要注意遵守 Java 的命名规范，所有类名的首字母要大写，若类名由多个单词组成，则每个单词的首字母要大写。对象名、变量名、方法的首字母要小写，若其由多个单词组成，则从第二个单词开始每个单词的首字母要大写。

2. 封装

有了 Rectangle 类，对象 rectangle 就是一个整体。但是，在代码 15.1 中，rectangle 对象的组成部分对外界是可见的，可以直接对 rectangle 的某一部分（如 width 或 height）进行赋值，见第 20 行和第 21 行。而所谓整体，是指对象内部的细节是隐藏起来的、对外界是透明的，对象是作为完整个体进行操作的。这样，才是真正的"面向对象"。那么怎样把对象的细节隐藏起来，并把对象当作整体来操作呢？这就需要封装。

（1）类封装的实现方法

【代码 15.2】　写一个符合一般封装原则的 **Rectangle** 类

```
1  class Rectangle{
2      private double width;       //成员变量,加入修饰符 private
3      private double height;      //成员变量,加入修饰符 private
4
```

封装

getter()/setter()

```java
5       public double getWidth() {
6           return width;
7       }
8       public void setWidth(double width) {
9           this.width = width;     //this指代当前对象
10      }
11      public double getHeight() {
12          return height;
13      }
14      public void setHeight(double height) {
15          this.height = height;
16      }
17      public double getArea(){
18          double area = width * height;
19          return area;
20      }
21
22      public double getPerimeter(){
23          double perimeter = 2 * (width + height);
24          return perimeter;
25      }
26  }
27
28  public class Test15_2{      //测试类
29      public static void main(String[] args) {
30          Rectangle rectangle = new Rectangle();
31          //rectangle.width = 3.5;//编译出错,因为在这个类中对width没有访问权限
32          //rectangle.height = 4.5; //编译出错,因为在这个类中对height没有访问权限
33
34          System.out.println("面积 = " + rectangle.getArea());
35          System.out.println("周长 = " + rectangle.getPerimeter());
36      }
37  }
```

在类定义的时候,用访问控制权限修饰符来限定类成员的可访问范围。在需要隐藏起来的成员前加入 private,在可以公开访问的成员前加入 public。一般在没有特殊设计意图的情况下,类的成员变量前面加 private,类的成员方法前面加 public。

Rectangle 类中的私有成员只在当前类中可以访问,而在 TestRectangle 类中就不能直接访问 Rectangle 类中的 width 和 height,即在 TestRectangle 类中,若有 rectangle.width 和

rectangle.height 就会出现语法错误。在 TestRectangle 类中，只能将对象 rectangle 作为一个整体，用 Rectangle 类中公开的成员方法去操作 rectangle 对象，如用 rectangle.getArea() 来获得对象的面积，用 rectangle.getPerimeter() 来获得对象的周长等。这样 Rectangle 类就实现了基本的"封装"。

在 TestRectangle 类中不能访问 Rectangle 类中的私有成员 width 和 height，如果在 TestRectangle 类中需要得到对象 rectangle 的 width 或者 height 或者需要修改对象 rectangle 的 width 或者 height，如何实现呢？在设计 Rectangle 类的时候，如果允许类的引用者可以获取或者修改成员变量的值，需提供相应的成员方法。类的引用者通过调用类中可访问的成员方法来访问类中的成员变量。在代码 15.2 的第 5 行到第 16 行中 Rectangle 类提供了成员方法，getWidth() 和 getHeight() 提供给引用者用来获得矩形对象的 width 和 height，setWidth(double) 和 setHeight(double) 提供给引用者用来修改矩形对象的 width 和 height，这类方法统称为 setter()/getter() 方法。是否提供这些方法，需要类的设计者根据项目的具体需求来判断是否允许类的引用者获得、修改成员变量的值，如果允许，就提供；如果不允许，就不提供。哪些允许，就提供哪些。例如，如果不允许对所有的矩形对象的 height 做修改，那么就不提供 setHeight(double) 方法。

（2）this 的用法

在类定义的内部，this 指代当前类的对象。例如，

```
public void setWidth(double width){
    this.width = width;    //this 指代当前对象
}
```

此 setter() 方法的功能是将参数 width 的值赋值给当前对象的 width 成员变量。因为无论是参数还是成员变量都指的是矩形的宽度，所以都命名为 width，但是二者又是不同的，不能写成如下形式：

```
public void setWidth(double width){
      width = width;    //错误，无法区别赋值号两边的两个不同的 width
}
```

赋值号左边的 width 指的是当前对象的成员变量，就用 this.width，this 指代的是当前对象。赋值号右边的 width 指的是参数。那么"当前对象"到底实际上指的是谁呢？

如下程序表示在 TestRectangle 类中创建对象 rectangle，然后给 rectangle 对象的 width 属性赋值 2.5，这里的 2.5 就是实参，"当前对象"就是 rectangle 对象。由此，调用 setWidth() 方法的对象就是所谓的"当前对象"。

```
public class TestRectangle{
    public static void main(String[] args){
        Rectangle rectangle = new Rectangle();
        rectangle.setWidth(2.5);
    }
}
```

(3) 访问控制修饰符

在类定义的时候,类的成员变量和成员方法前面用访问控制修饰符来设定此成员的可访问范围。

类成员的访问控制修饰符一共有 4 种,即 private、protected、public 和默认方式(不写访问控制修饰符),如表 3.15.1 所示。

表 3.15.1 类的访问控制修饰符

访问控制修饰符	成员可访问的范围	作用
private	成员只能在当前类内部访问	用来修饰需要隐藏在类内部的成员变量或者只在类内部调用的成员方法
默认方式 (不写任何访问控制符)	成员可以在当前类的内部和相同包的其他类中访问	
protected	成员可以在当前类的内部、相同包的其他类中、不同包中的子类中访问	
public	可以在所有的类中访问	用来修饰公开访问的成员

在一般情况下的类设计中,类的成员变量用 private,类的成员方法用 public。当然,在实际应用中,对于各种不同的设计需要,可以有各种不同的定义方式。

3. 构造方法

类在设计的时候,会提供一种特殊的方法,叫作构造方法。例如,
```
public Rectangle(double width, double height) {
    this.width = width;
    this.height = height;
}
```

构造方法

构造方法与其他的成员方法不同的地方如下。

(1) 方法名和类名完全相同(大小写也和类名相同)。

(2) 没有方法返回值,void 也不要写。

(3) 构造方法并不是给类的引用者显式调用的。在创建类的对象的时候,会自动调用类的构造方法。由于是在对象创建的时候调用的,所以构造方法的执行内容一般是对象成员变量的初始化。

(4) 当类定义没有提供构造方法时,系统会自动添加一个无参的构造方法;当类定义已经提供了构造方法时,系统就不会再添加无参构造方法了。

例如,提供了有参构造方法后,如果没有提供无参构造方法,系统不会再自动添加无参构造方法,这就造成"Rectangle rectangle = new Rectangle();"这句话会编译出错,因为这句话需要调用无参构造方法。在一般的情况下,类定义的时候,会提供无参和有参的多种重载构造方法,如代码 15.3 的第 5 行到第 11 行。

【代码 15.3】 添加了构造方法的 Rectangle 类

```
1  class Rectangle {
2      private double width;
3      private double height;
4      //无参构造方法
```

```java
5       public Rectangle() {
6       }
7       //有参构造方法
8       public Rectangle(double width, double height) {
9           this.width = width;
10          this.height = height;
11      }
12      //getter()/setter()方法
13      public double getWidth() {
14          return width;
15      }
16      public void setWidth(double width) {
17          this.width = width;
18      }
19      public double getHeight() {
20          return height;
21      }
22      public void setHeight(double height) {
23          this.height = height;
24      }
25
26      public double getArea() {
27          double area = width * height;
28          return area;
29      }
30      public double getPerimeter() {
31          double perimeter = 2 * (width + height);
32          return perimeter;
33      }
34  }
35  public class Test15_3 {
36      public static void main(String[] args) {
37          Rectangle rectangle1 = new Rectangle();
                                    //调用无参构造方法,width 和 height 均为 0.0
38          rectangle1.setWidth(3.5);
39          rectangle1.setHeight(4.5);
40          System.out.println("面积 1 = " + rectangle1.getArea());
41          System.out.println("周长 1 = " + rectangle1.getPerimeter());
42
43          Rectangle rectangle2 = new Rectangle(5,6.5); //调用有参构造方法
```

```
44              System.out.println("面积2 = " + rectangle2.getArea());
45              System.out.println("周长2 = " + rectangle2.getPerimeter());
46          }
47      }
```

在通常情况下,构造方法和 setter()/getter() 方法的定义格式比较固定,在 Eclipse 主菜单"源码"中"使用字段生成构造函数"来生成无参或有参构造方法,如图 3.15.2 所示。

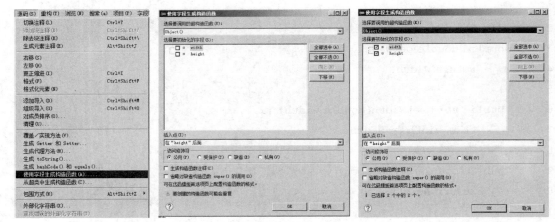

(a) 主菜单"源码"　　　　　　　(b) 生成无参构造方法　　　　　　(c) 生成有参构造方法

图 3.15.2　利用 Eclipse 生成构造方法

如图 3.15.3 所示,利用 Eclipse 主菜单"源码"中的"生成 Getter 和 Setter"来生成 getter()/setter() 方法。选择所有的属性,为所有的成员变量生成 getter()/setter() 方法(也可以只选择部分的属性)。

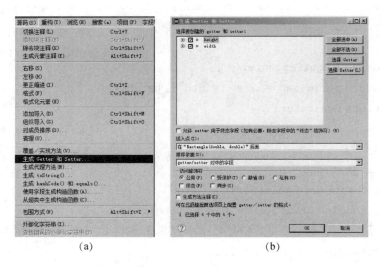

(a)　　　　　　　　　　　　(b)

图 3.15.3　利用 Eclipse 生成 getter()/setter() 方法

4. 方法的重载

Rectangle 类中有两个构造方法,这两个构造方法在调用的时候是不会有冲突的,虽然方法名相同,但是参数列表不同,调用的时候可根据实参列表来确定调用哪一个。

重载

同样,除了构造方法外,其他的方法也可以提供若干个方法名相同而参数列表不同的方法,我们把这些方法叫作重载方法。例如,String 类提供了求子串方法:

substring(int beginIndex,int endIndex):截取下标从 beginIndex 到 endIndex 的子串。
substring(int beginIndex):截取下标从 beginIndex 到结尾的子串。

上述两个方法就是重载方法,方法名相同但是参数列表不同,在调用的时候完全不会出现冲突。由于这两个方法的功能是一样的,所以应该用相同的名字,但是它们实现调用的方式又不同,两者通过参数列表来区别。注意,方法的返回值类型和方法头部的修饰符是与重载无关的,因为它们在调用的时候不能用来确定调用的重载方法。

【代码 15.4】 重载例程

```
1  class Adder{ //两个 add 方法是重载方法
2      public double add(double a,double b){
3          return a + b;
4      }
5      public String add(String s,String t){
6          return s + t;
7      }
8  }
9  public class Test15_4 {
10     public static void main(String[] args) {
11         Adder adder = new Adder();
12         double result1 = adder.add(12.4, 2324.3);
13         System.out.println("result1 = " + result1);
14         String result2 = adder.add("hello","wolrd");
15         System.out.println("result2 = " + result2);
16     }
17 }
```

重载方法要求参数列表一定要不相同,可以是参数个数不同,参数的类型不同,参数的顺序不同。例如,下面是成立的重载方法。

- go(double)和 go(double,double):参数的个数不同。
- go(double,double)和 go(String,String):参数的类型不同。
- go(double,String)和 go(String,double):参数的顺序不同。

但是,如下的方法就不能构成正确的重载。

- go(int)和 go(double)。
- go(double,int)和 go(int,double)。

15.3 代码实现参考

实体类抽象了系统的对象模型,通常,实体的属性数据需要保存在数据库中。实体类一般对应一个或多个数据库中的数据表。

在公司员工信息管理系统中,数据库中的数据表 emp(员工表)、dept(部门表),直接对应实体类 Emp、Dept。在一般情况下,类中包含属性、构造方法、getter()/setter()方法,其中,属性均是 private,方法均是 public。

【代码 15.5】 Dept 实体类

```
1  package hr.entity;
2
3  public class Dept {
4      private Integer id;
5      private String name;
6      private Integer count;
7      public Dept() {}
8      public Dept(Integer id, String name, Integer count) {
9          this.id = id;
10         this.name = name;
11         this.count = count;
12     }
13     public Integer getId() {
14         return id;
15     }
16     public void setId(Integer id) {
17         this.id = id;
18     }
19     public String getName() {
20         return name;
21     }
22     public void setName(String name) {
23         this.name = name;
24     }
25     public Inte gergetCount() {
26         return count;
27     }
28     public void setCount(Integer count) {
29         this.count = count;
30     }
31 }
```

【代码 15.6】 Emp 实体类

```
1  package hr.entity;
2  
3  import java.util.Date;
4  
5  public class Emp {
6      private String id;
7      private String name;
8      private Integer sex;
9      private Date birthday;
10     private Integer deptid;
11     private String tel;
12     
13     public Emp() {}
14     public Emp(String id, String name, Integer sex, Date birthday,
15             Integer deptid, String tel) {
16         this.id = id;
17         this.name = name;
18         this.sex = sex;
19         this.birthday = birthday;
20         this.deptid = deptid;
21         this.tel = tel;
22     }
23     public String getId() {
24         return id;
25     }
26     public void setId(String id) {
27         this.id = id;
28     }
29     public String getName() {
30         return name;
31     }
32     public void setName(String name) {
33         this.name = name;
34     }
35     public Integer getSex() {
36         return sex;
37     }
38     public void setSex(Integer sex) {
39         this.sex = sex;
```

```
40      }
41      public Date getBirthday() {
42          return birthday;
43      }
44      public void setBirthday(Date birthday) {
45          this.birthday = birthday;
46      }
47      public Integer getDeptid () {
48          return deptid;
49      }
50      public void setDeptid (Integer deptid) {
51          this. deptid = deptid;
52      }
53      public String getTel() {
54          return tel;
55      }
56      public void setTel(String tel) {
57          this.tel = tel;
58      }
59  }
```

15.4 知识点拓展

在程序中处理的数据是要持久存入数据库的。在简单情况下,一个程序中的实体类就映射为数据库中的一个数据表,由此,每个实体类对象对应数据表中的一个记录(行),如图 3.15.4 所示,实体类对象的每个属性对应数据表的一个字段(列),如图 3.15.5 所示。

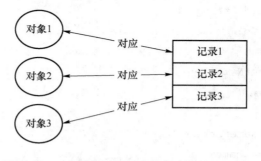

图 3.15.4　实体类对象对应数据表中的记录(行)

客观世界中的各种实体往往是有各种关联关系的。例如,在当前的公司人员信息管理系统中,一个部门对象包含若干个员工对象,一个员工对象属于某个部门对象。那么从部门信息应该能得到部门所有的员工信息,从员工信息可以获得其所属部门的信息。在设计类时,可以建立类之间互相访问的关系。当然是否建立,是建立双向访问关系还是单向访问关系,需要看项目需求。

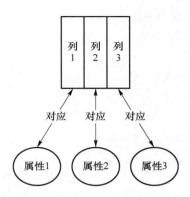

图 3.15.5　实体类对象的属性对应数据表中的字段(列)

在这里,我们先简化问题,只实现从员工到所属部门的单向访问,不实现从部门到员工的访问,那么 Emp 实体类就要修改,见代码 15.7。

【代码 15.7】　Emp 实体类(加入与 Dept 实体类对象的关联关系)

```
1  package hr.entity;
2
3  import java.util.Date;
4
5  public class Emp {
6      private String id;
7      private String name;
8      private Integer sex;
9      private Date birthday;
10     //private Integer deptid;
11     private Dept dept;
12     private String tel;
13
14     public Emp() {}
15     public Emp(String id, String name, Integer sex, Date birthday,
16             Dept dept, String tel) {
17         this.id = id;
18         this.name = name;
19         this.sex = sex;
20         this.birthday = birthday;
21         this.dept = dept;
22         this.tel = tel;
23     }
24     public String getId() {
25         return id;
26     }
```

```java
27      public void setId(String id) {
28          this.id = id;
29      }
30      public String getName() {
31          return name;
32      }
33      public void setName(String name) {
34          this.name = name;
35      }
36      public Integer getSex() {
37          return sex;
38      }
39      public void setSex(Integer sex) {
40          this.sex = sex;
41      }
42      public Date getBirthday() {
43          return birthday;
44      }
45      public void setBirthday(Date birthday) {
46          this.birthday = birthday;
47      }
48      public Dept getDept () {
49          return dept;
50      }
51      public void setDept (Dept dept) {
52          this.deptid = dept;
53      }
54      public String getTel() {
55          return tel;
56      }
57      public void setTel(String tel) {
58          this.tel = tel;
59      }
60  }
```

将代码 15.7 中第 10 行的 Integer deptid 部门编号属性改为 Dept dept 部门对象。相关的部分都做相应的修改。这里实现了从员工对象到部门对象的一对一的单向关联关系。

另外，一个部门对应多个员工，从部门到员工是一对多的关联关系，在当前案例中暂不实现从部门到员工的关联关系。

练 习

一、选择题

1. 有如下代码：
```
classA{
    public A(String str){
    
    }
}
public class Test{
    public static void main(String[] args) {
        A classa = new A("he");
        A classb = new A("he");
        System.out.println(classa == classb);
    }
}
```
代码输出的结果是（　　）。

A. false　　　　　　　　　　　　　　B. true

C. 报错　　　　　　　　　　　　　　D. 以上选项都不正确

二、编程题

1. 编写一个学生类 Student，其中，成员变量有学生的 id（考号）、name（姓名）、totalScore（综合成绩）、sports（体育成绩）；成员方法有

- 获取学生综合成绩的方法 double getTotalScore() 和获取学生体育成绩的方法 double getSports()。
- 一次性返回学生全部信息的方法 String show()。
- "录取"方法。"录取"方法用于判断学生是否符合录取条件，需传入一个学生对象和录取分数线作为参数，其中录取条件为综合成绩在录取分数线之上或体育成绩在 96 分以上并且综合成绩大于 300 分。方法类型为 static boolean recruit(Student s，float admissonScore)。

2. 编写一个测试类，在 main() 方法中，设定录取分数线，建立一个学生数组，逐个录入每个学生的信息，逐个调用 Student 类中的 recuit() 方法判断是否录取，并输出符合录取条件的学生的所有信息。

程序要求：学生类有无参构造方法和有参构造方法（带 4 个参数，分别接收学生的姓名、考号、综合成绩和体育成绩）。

第 16 章 数据层的定义

16.1 设计目的

以常见的应用软件系统而言,客户端连接应用服务器,应用服务器与数据库服务器相连,见图 3.16.1。服务器连接数是一个有限的资源,在一个线程中不能多次建立与数据库的连接,一个线程中的多次 SQL 操作都共享同一个数据库连接对象。

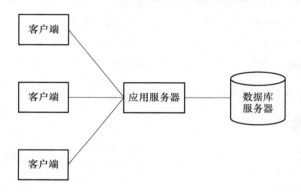

图 3.16.1 客户端、应用服务器、数据库服务器的连接示意图

我们这里用 Java 所进行的软件设计开发属于应用服务器软件的设计开发,其中的数据层就是负责连接并访问数据库的。

(1) 创建与数据库的连接对象。

数据层负责对数据库的访问,在客户端通过应用服务器与数据库建立连接对象后,一个线程每次访问数据库时,都需要这个连接对象。每个线程与数据库只有一个连接对象。当要访问数据库时,如果还没有创建与数据库的连接对象,就创建一个新的连接对象;如果已经创建过了,就直接使用这个连接对象。另外,要避免多次通过参数来传递连接对象。

(2) 实现数据层的功能。

数据层主要提供实体对象的创建、查询、更新和删除等操作。这些操作对应于数据库中数据表的 CRUD(创建、查询、更新和删除)等操作。为了让数据层之上的业务层调用数据层功能的时候,可以忽略数据层的具体实现,并且在需要改变存储技术的时候,数据层可以灵活做更替,数据层应该提供接口,业务层针对数据层的接口编程,这样两层之间能更好地解耦。

(3) 提供统一途径获取数据层实例化对象。

业务层在调用数据层功能的时候,对数据层的具体实现是透明的,对数据层实现类的替换也是透明的,数据层应该给业务层提供统一的获取数据层实例化对象的途径。

当前公司人员信息管理系统的数据层需求如下。

① 针对部门对象提供以下操作。

- 增加(部门编号为系统自增长生成,部门人数初始值为0)。
- 查询(一、按照部门编号,查询部门;二、查询所有部门;三、按照部门的名称,查询部门是否存在)。
- 修改(其中部门的编号 id 不能修改,部门的人数 count 不能直接修改)。
- 删除(按照部门编号删除部门)。
- 改变部门人数(按照部门编号,增加或者减少部门人数)。

② 针对员工对象提供以下操作。
- 增加。
- 查询(一、按照员工编号,查询员工;二、查询所有员工;三、按照某个属性的给定值模糊查询员工,将查询结果进行分页;四、按照某个属性的给定值查询满足条件的员工人数)。
- 修改(员工的 id 不能修改)。
- 删除(按照员工编号删除员工)。

16.2 相关知识点:静态、继承、接口

static

1. 静态成员

(1) 静态方法

在类中,如果成员方法的头部加入修饰符 static,则该成员方法在不创建类对象的情况下也可以直接用类名来调用,这种成员方法叫作静态方法。

【代码 16.1】 静态方法例程 1

```
1  class Adder{
2      public static double add(double a,double b){
3          return a + b;
4      }
5      public static String add(String s,String t){
6          return s + t;
7      }
8  }
9  public class Test16_1 {
10     public static void main(String[] args) {
11         //Adder adder = new Adder();//可以不创建 Adder 类的对象
12         double result1 = Adder.add(12.4, 2324.3);//直接用类名调用静态方法
13         System.out.println("result1 = " + result1);
14         String result2 = Adder.add("hello","wolrd");//直接用类名调用静态方法
15         System.out.println("result2 = " + result2);
16     }
17 }
```

在代码 16.1 中,Adder 类中的 add()方法用来做加法和字符串串接。如果 add 方法不是静态方法,要调用 Adder 类中的 add()方法时,必须先创建 Adder 类的对象。而在当前这种情

况下,调用 Adder 类中的 add()方法做加法和字符串串接是和 Adder 类的对象无关的,没有必要创建 Adder 类的对象。这样,就定义 add()方法为静态方法(static)。

当然,创建 Adder 类的对象后用对象名去调用静态方法也是可以的,但是静态方法不是针对 Adder 类的对象的操作,所以最好还是用类名来调用。

静态方法是可以在没有创建类的对象时就调用,而对于没有创建类的对象,成员变量没有分配空间,所以,静态方法不可以访问非静态的成员变量。

【代码 16.2】 静态方法例程 2

```
1   public class Test16_2 {
2       int a;
3       public void go(){
4           System.out.println("go!");
5       }
6       public static void main(String[] args) {
7           a = 3;//编译错误
8           go();//编译错误
9       }
10  }
```

在代码 16.2 中,main()方法是 static 方法,在执行 main()方法的时候,还没有创建 TestStatic 类的对象,那么就没有给成员变量 a 分配过空间,在 main()方法中访问 a 时就会编译错误。同样,go()方法是非静态方法,是要针对某个具体对象调用的,由于现在没有创建 TestStatic 类的对象,所以这一句也会编译错误。因此,静态方法不能访问非静态的成员。

main()方法是程序的执行入口,在调用 main()方法之前没有机会创建类的对象,要使得 main()方法在没有创建对象的时候就可以直接调用,main()方法必须是 static 的。因为 main()方法是 static 的,所以在 main()方法中不能引用当前类中非 static 的成员变量和成员方法。

【代码 16.3】 静态方法例程 3

```
1   import java.awt.Button;
2   import java.awt.Frame;
3
4   public class Test16_3 {
5       public static void main(String[] args) {
6           Test test = new Test();      //不能在 main()方法中直接调用其他的非静态方法
7           test.makeface();             //需要先创建当前类的对象,用对象来调用
8       }
9       public void makeface(){
10          Frame frame = new Frame("test");
11          Button button = new Button("OK");
12          frame.add(button);
13          frame.setSize(500, 300);
14          frame.setVisible(true);
15      }
16  }
```

在代码 16.3 中,必须要先在 main()方法中创建当前类的对象,然后用对象名引用其他非静态的成员变量和成员方法。

(2)静态变量

在代码 16.4 中,Circle 类包含成员变量 radius(圆的半径)、pi(π 的取值)、count(圆对象计数器)。

每当创建一个 Circle 类的对象时,都会为该对象分配 radius、pi、count 的内存空间。

如果所有的圆对象采用的 pi 都是一样的,能不能所有的圆对象共享相同的 pi 空间,而不是每个圆对象都有一个 pi 空间呢?解决的方法就是定义 pi 为 static 成员。

如果要统计共创建了多少个圆对象,那么就不是每个对象都有一个 count 计数器,而是整个类有一个 count 计数器,所以 count 要定义为 static 成员。

【代码 16.4】 静态变量例程

```
1   class Circle {
2       private double radius;
3       private static double pi;
4       private static int count = 0;//对象计数器
5   
6       public Circle() {
7           count ++ ;        //每创建一个对象,对象计数器就加 1
8       }
9   
10      public Circle(double radius) {
11          this.radius = radius;
12          count ++ ;        //每创建一个对象,对象计数器就加 1
13      }
14  
15      //此处略去 radius 的 getter()/setter()方法……
16      public static double getPi() {
17          //pi 是 static 的,与对象无关,所以该方法定义为静态方法
18          return pi;
19      }
20  
21      public static void setPi(double pi) {
22          //pi 是 static 的,允许在没有创建对象的时候,为 pi 赋值
23          //所以当前方法定义为静态方法
24          Circle.pi = pi;
25      }
26  
27      public static int getCount() {
28          return count;
29      }
30  
```

```java
31      public double getArea() {
32          return pi * radius * radius;
33      }
34
35      public double getPerimeter() {
36          return 2 * pi * radius;
37      }
38  }
39  public class Test16_4 {
40      public static void main(String[] args) {
41          Circle.setPi(3.1415);
42          Circle c1 = new Circle(4.5);
43          Circle c2 = new Circle(2.5);
44          System.out.println("当前创建了" + Circle.getCount() + "个圆");
45          System.out.println("圆面积 = " + c1.getArea());
46          System.out.println("圆周长 = " + c1.getPerimeter());
47      }
48  }
```

在代码16.4中，如果所有Circle对象的成员变量pi的值都是相等的，那就可以把pi定义为静态的，意味着所有Circle类的对象都共享同一个pi空间。

Circle类中的成员变量count是用来计算对象创建个数的，每创建一个对象，就会调用一次构造方法，在构造方法中count自增1。这个计数器要想累计所有的对象个数，就不能每个对象都有一个count空间，而需要所有对象共用同一个count空间，所以count必须是static的。pi和count叫作静态成员变量，是类的所有对象共享的，又叫作类变量。

静态变量有默认初值：0(整型)、0.0(浮点类型)、false(布尔类型)、null(引用类型)。

成员变量是在创建对象的时候分配空间，但是静态成员变量不同，因为静态成员变量不是属于某个对象，是当前类的所有对象共享的，是属于这个类的。静态成员变量不是在创建对象的时候开辟空间，而是在类加载入内存的时候开辟空间，static成员变量是类的所有对象共享的。

static变量的内存分配图示如图3.16.2所示，可以看到，Circle类有两个对象c1和c2，成员变量c1.radius和c2.radius会分配各自的内存空间，而静态成员变量pi和count是类变量，是在Circle类加载入内存时创建的，是所有Circle类的对象(包括c1、c2)所共享的空间。

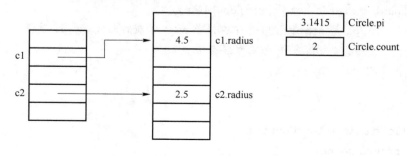

图3.16.2　static变量的内存分配图示

2. 继承

(1) 继承的概念

在实际生活中,继承的例子随处可见。

图 3.16.3 所示的就是一个简单的继承关系,鸽子和老鹰属于飞禽,狮子和老鼠属于走兽,飞禽和走兽又都是属于动物,这样就构成一个继承树。动物都具有觅食、睡眠、行动的能力,飞禽和走兽都具有动物的特征。除了具有觅食、睡眠、行动的能力外,飞禽还会飞,走兽还会奔跑。下层的子类会继承上层的直接父类和间接父类的特征和行为。

继承

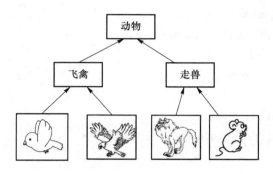

图 3.16.3　生活中的继承

继承符合的关系是 is-a 的关系(例如,飞禽是一种动物,狮子是一种走兽)。父类更通用,子类更具体。父类具有更一般的特征和行为,而子类除了具有父类的特征和行为,还具有一些自己的特殊特征和行为。

(2) 继承的定义

【代码 16.5】　定义 Mouse(鼠)

鼠:属性(id、姓名),方法(吃、睡、自我介绍、打洞)。

```
1   class Mouse {
2       private int id;
3       private String name;
4       public Mouse(int id ,String name) {
5           this.id = id;
6           this.name = name;
7       }
8       public void eat(){
9           System.out.println(name + "正在吃");
10      }
11      public void sleep(){
12          System.out.println(name + "正在睡");
13      }
14      public void introduce() {
15          System.out.println("大家好!我是" + id + "号" + name + ".");
16      }
```

```
17      public void dig(){
18          System.out.println(name + "正在打洞");
19      }
20  }
```

【代码 16.6】 定义 Bird(鸟)类

鸟:属性(id、姓名),方法(吃、睡、自我介绍、飞)

```
1   class Bird {
2       private int id;
3       private String name;
4       public Bird (int id ,String name) {
5           this.id = id;
6           this.name = name;
7       }
8       public void eat(){
9           System.out.println(name + "正在吃");
10      }
11      public void sleep(){
12          System.out.println(name + "正在睡");
13      }
14      public void introduce() {
15          System.out.println("大家好！我是" + id + "号" + name + ".");
16      }
17      public void fly(){
18          System.out.println(name + "正在飞");
19      }
20  }
```

我们看到,鼠和鸟因为都是动物,所以都具有动物的一般特性,所以代码 16.5 和 16.4 中有若干的代码是重复的。编程的时候,重复的代码是要避免的,否则,代码臃肿、结构不清晰、维护困难(因为相同的代码多次出现,所以在需要修改代码的时候,就需要修改多处,这样容易造成不一致)。

这时候,我们把两个类中共通的内容抽取成一个父类 Animal(动物),子类中不再需要重复写父类中的内容,通过继承父类的特征,子类只需要写和父类不同的内容。

【代码 16.7】 用继承重新编写代码 16.5 和代码 16.6

```
1   //父类 Animal(动物)
2
3   class Animal {
4       private int id;
5       private String name;
6       public Animal (int id ,String name) {
7           this.id = id;
```

```
8        this.name = name;
9    }
10   public void eat(){
11       System.out.println(name + "在吃饭…");
12   }
13   public void sleep(){
14       System.out.println(name + "在睡觉…");
15   }
16   public void introduce() {
17       System.out.println("大家好！我是" + id + "号" + name + ".");
18   }
19 }
20 //子类 Mouse(老鼠):
21 class Mouse extends Animal {
22     public Mouse(int id ,String name) {
23         super(id,name);    //调用父类的构造方法
24     }
25     public void dig(){
26         System.out.println(name + "在地上打洞…");
27     }
28 }
29 //子类 Bird(鸟):
30 class Bird extends Animal{
31     public Bird (int id ,String name) {
32         super(id,name);    //调用父类的构造方法
33     }
34     public void fly(){
35         System.out.println(name + "在天上飞…");
36     }
37 }
38 public class Test16_7{      //测试类
39     public static void main(String[] args){
40         Mouse m = new mouse("001","鼠鼠");
41         m.eat();
42         m.sleep();
43         m.introduce();
44         m.dig();
45         bird c = new bird("002", "鸟叔");
46         c.eat();
47         c.sleep();
```

```
48              c.introduce();
49              c.fly();
50          }
51      }
```

可以看到父类 Animal 中的 eat()方法、sleep()方法、introduce()方法,都自动继承在子类中,子类中只需要写与父类相比扩展了的内容。

子类自动继承父类的属性和方法,从而避免了重复代码,有效提高了代码的复用程度。

继承的定义语法如下:

```
class 父类 {

}

class 子类 extends 父类 {

}
```

在 Java 中,extends 后面只能有一个类,也就是直接父类只能有一个,这叫作单继承。父类中除了构造方法外,其他内容都继承到子类中。但是在子类中,继承自父类的成员是否可以直接访问还要看访问权限。

(3) 子类构造方法

如代码 16.7 的第 23、32 行,在创建子类对象的时候,构造方法参数 id 和 name 要传入当前对象的 id 和 name 属性域,但是,id 和 name 在父类中是 private 的,在子类中不能访问,所以子类构造方法的第一句调用父类构造方法 super(id,name),将参数传入。

子类构造方法

子类构造方法的第一句话一定是调用父类构造方法。子类构造方法的第一句如果没有写调用父类构造方法的话,系统会自动添加无参 super(),在这种情况下,父类中必须要有无参构造方法,不然子类构造方法中的 super()就会编译出错。所以,在一般情况下,定义一个类时,都会提供无参构造方法,本类中可能会用,子类中也可能会用。

(4) 方法重写(覆盖)

重写和 super　　　重写的特殊情况　　　protected

子类会继承父类的内容,例如,子类 Mouse 继承了来自父类 Animal 的成员变量 id、name,继承了来自父类 Animal 的成员方法 eat()、sleep()、introduce()。子类可以添加属于自己的内容,例如,子类 Mouse 添加了属于自己的成员方法 dig()。另外,子类可以改写从父类继承来的成员方法,参见以下这个例子。

Ostrich(鸵鸟)是一种鸟,是 Bird 的子类,但是鸵鸟飞的方式和其他鸟飞的方式不同。鸵鸟从父类鸟继承的 fly()方法需要重写。

【代码 16.8】 重写案例(Bird 类如代码 16.7 的第 30 行至第 37 行)

```
1   class Ostrich extends Bird{
```

```
2      public Ostrich (int id ,String name) {
3          super(id,name);
4      }
5      public void jump(){
6          System.out.println(name + "正在跳");
7      }
8      public void fly(){//重写了父类的fly()方法
9          System.out.println(name + "虽然是鸟,但是只能在地上走");
10     }
11 }
12 public class Test16_8{
13     public static void main(String[] args){
14         Ostrich m = new Ostrich ("003","鸵鸟");
15         m.eat();
16         m.sleep();
17         m. introduce();
18         m.fly();//Ostrich 类的对象m将调用Ostrich中重写的fly()方法
19         m.jump();
20     }
21 }
```

代码 16.8 中第 5 行的子类 Ostrich 除了继承父类的成员外,还添加了新的成员方法 jump()。Ostrich 飞的方式和父类 Bird 飞的方式不同,代码 16.8 的第 8 行在 Ostrich 类中写了一个新的 fly()方法,这个方法的头部和父类中 fly()方法的头部完全相同,但是方法体的内容不同,所以子类中的 fly()方法会覆盖掉继承自父类的 fly()方法。

当子类 Ostrich 对象调用 fly()方法时,会调用 Ostrich 中重写的 fly()方法,见代码 16.8 的第 18 行。

子类重写父类的方法也叫作覆盖。方法重写(覆盖)的规定:方法名和参数列表必须相同,子类中方法的返回值类型小于或等于父类方法的返回值类型,子类中抛出的异常类型小于或等于父类中抛出的异常类型,子类方法的访问权限需要大于或等于父类方法的访问权限,所谓"两同两小一大"。

(5) super 的用法

super 指代当前类的父类对象。

① 类的构造方法的第一句总是无参的 super()或者有参的 super(参数列表),用来调用父类的构造方法,否则,系统会自动添加一个无参的 super()。

② 当子类覆盖了父类的方法时,如果要在子类中调用父类中原有的方法,则可用 super 调用,如代码 16.9 的第 10 行。

③ 当子类中定义了和父类同名的成员变量,并且有权限访问父类的成员变量时,在子类中用 super。成员变量引用父类成员变量,如代码 16.10 中的第 18 和和第 20 行。

【代码 16.9】 super 用法例程 1(Bird 类同前,见代码 16.7 的第 30 行到第 37 行)

```
1 class  Ostrich  extends Bird{
```

```java
2      public Ostrich (int  id ,String name) {
3          super(id,name);
4      }
5      public void jump(){
6          System.out.println(name + "正在跳");
7      }
8      public void fly(){            //重写了父类的fly()方法
9          System.out.print("一般的鸟,");
10         super.fly();       //在子类中调用父类中被覆盖的函数
11         System.out.println(name + "虽然是鸟,但是只能在地上走");
12     }
13 }
```

【代码 16.10】 super 用法例程 2

```java
1  class Father{
2      int f = 1;
3      private int a = 2;
4
5      public void go(){
6          System.out.println("in Father!");
7      }
8  }
9  class Son extends Father{
10     int f = 3;
11     private int a = 4;
12
13     public void go(){
14         System.out.println("in Son!");
15     }
16     public void show(){
17         System.out.println("调用父类的被重写的go()方法:");
18         super.go();
19
20         System.out.println("父类中重名的成员变量f = " + super.f);
21     }
22 }
23
24 public class Test16_10 {
25
26     public static void main(String[] args) {
27         Son son = new Son();
```

```
28            son.show();
29
30            System.out.println("son 的 f = " + son.f);
31        }
32 }
```

运行结果：
调用父类的被重写的 go()方法：
in Father!
父类中重名的成员变量 f = 1
son 的 f = 3

在代码 16.10 中，Son 类的对象中有两个 f，一个 f 是继承自父类 Father 的，另一个 f 是 Son 中的，两个并存。并且因为访问权限是默认类型，所以 Son 类中可以访问两个 f。而对于另一个并存的成员变量 a，因为访问权限是 private，所以在子类中不能访问父类中的 a，只能访问子类自己的 a。

本例只是用来说明语法，在实际的类设计中，要根据具体的设计需求给出恰当的定义。

（6）Object 类

一个类在定义的时候，若没有使用 extends 关键字明确标识父类，那么它的父类默认就是 java.lang.Object，所有的类都直接或者间接地继承自 Object 类，Object 类是所有类的"祖先类"。由此，所有 Java 对象都可以调用 Object 类的方法。

Object 类-1

对于任意一个没有显式父类的类，它的父类就是 Object 类，这个类继承了 Object 类的方法，如图 3.16.4 所示。Test 类没有定义除了 main() 外的其他方法，当前可调用的方法均来自父类 Object。

Object 类-2

图 3.16.4 任意一个 Test 类从 Object 类继承的方法

下面介绍两个最常用的来自 Object 类的方法。

① Object 类中的 toString()方法
public String toString()在需要将一个对象转化为字符串的时候调用。

【代码 16.11】 toString ()方法的使用

```
1  class Person {
2      private String name;
3      private int age;
4  }
5
6  public class Test16_11 {
7      public static void main(String[] args) {
8          Person p = new Person();
9          System.out.println(p);     //调用 toString()方法,将对象 p 转换为 String
10     }
11 }
```

运行结果：
test2.Person@15db9742

可以按照自己的需求重写 toString()方法,如代码 16.12。

【代码 16.12】 toString ()方法的重写

```
1  class Person {
2      private String name;
3      private int age;
4
5      public Person(){}
6      public Person(String name,int age){
7          this.name = name;
8          this.age = age;
9      }
10
11     public String toString(){      //重写父类 Object 的 toString()方法
12         return "name:" + name + ",age:" + age;
13     }
14 }
15
16 public class Test16_12 {
17     public static void main(String[] args) {
18         Person p = new Person("lily",20);
19         System.out.println(p);     //调用 toString()方法,将对象 p 转换为 String
20     }
21 }
```

运行结果：

name:lily,age:20

② Object 类中的 equals()方法

【代码 16.13】 equals()方法的使用

```
1   class Person {
2       private String id;
3       private String name;
4       private int age;
5   
6       public Person(){}
7       public Person(String id,String name,int age){
8           this.id = id;
9           this.name = name;
10          this.age = age;
11      }
12  }
13  
14  public class Test16_13 {
15      public static void main(String[] args) {
16          Person p1 = new Person("1000","lily",19);
17          Person p2 = new Person("1000","lily",19);
18  
19          if(p1.equals(p2)){
20              System.out.println("两人相同!");
21          }else{
22              System.out.println("两人不相同!");
23          }
24      }
25  }
```

运行结果：

两人不相同！

如果两个 Person 对象的 id、name、age 都相同，那我们就认定两个对象是相同的，这就需要重写 equals()方法，见代码 16.14。

【代码 16.14】 equals()方法的重写

```
1   class Person {
2       private String id;
3       private String name;
4       private int age;
5   
6       public Person(){}
7       public Person(String id,String name,int age){
```

```
8            this.id = id;
9            this.name = name;
10           this.age = age;
11       }
12       public boolean equals(Person p){
13           if(this.id == p.id && this.name == p.name && this.age == p.age){
14               return true;
15           }else{
16               return false;
17           }
18       }
19   }
20
21   public class Test16_14 {
22       public static void main(String[] args) {
23           Person p1 = new Person("1000","lily",19);
24           Person p2 = new Person("1000","lily",19);
25
26           if(p1.equals(p2)){
27               System.out.println("两人相同!");
28           }else{
29               System.out.println("两人不相同!");
30           }
31       }
32   }
```

运行结果：

两人相同！

Object 类的其他方法，大家可以在后续用到的时候再扩展。

3. 接口

（1）接口的定义

接口是一种特殊的类，不用 class 关键字，用 interface 关键字。

成员变量默认有 public、static、final 修饰符，这三个修饰符是可以略写的；成员变量必须赋初值。

成员方法默认有 public、abstract 修饰符，这两个修饰符是可以略写的。

接口定义的语法格式如下：

[public] interface 接口名 [extends 父接口1，父接口2…]
{
    [public][static][final]数据类型 成员变量名 = 常量;
    …

接口-1

接口-2

[public][abstract]返回值类型 成员方法名(参数列表);
　　…
}

可以看到,接口中的所有成员变量必须是公共的(public)、静态的(static)常量(final);接口中的所有成员方法都是抽象方法(abstract),没有实现体。接口只定义一批类需要遵守的规范,即必须提供的方法有哪些,至于这些方法的具体实现细节,接口是不关心的。接口只是提供一些相似类的规范,并不提供任何实现,这体现了规范和实现分离的设计思想。

接口可以继承多个父接口,体现了多继承,而类只能继承一个父类。

(2) 接口的使用

① 作为一种规范,被其他类实现。

接口是抽象的,不能用来创建对象。接口主要用来被其他类实现,一个类可以实现多个接口,语法形式如下:

[修饰符] class 类名 extends 父类 implements 接口1,接口2,…
{
　　//类的内容
}

接口的意义-1

类实现接口要用 implements 关键字。类实现接口可以理解为是一种特殊的继承,父接口中的所有成员变量和成员方法都会来到子类中,由此,在子类中需要实现父接口中所有的抽象方法(可以理解为重写父接口中的所有方法),否则,如果子类中保留了来自父接口的抽象方法,那么这个类就成了不能创建对象的抽象类。

② 作为一种引用类型,用来定义对象。

【代码 16.15】 接口两种使用情况的案例

```
1  public interface Shape {        //定义接口"平面图形"
2      public abstract double getArea();
3      public abstract double getPerimeter();
4  }
5
6  class Rectangle implements Shape {      //定义类"矩形",实现 Shape 接口
7      private double width;
8      private double height;
9
10     public Rectangle() {
11     }
12
13     public Rectangle(double width, double height) {
14         this.width = width;
15         this.height = height;
16     }
17
18     public double getArea() {           //实现 Shape 接口中的抽象方法
```

```java
19              return width * height;
20         }
21
22         public double getPerimeter() {        //实现 Shape 接口中的抽象方法
23              return 2 * (width + height);
24         }
25  }
26
27  class Circle implements Shape {              //定义类"矩形",实现 Shape 接口
28       private double radius;
29       private double pi;
30
31       public Circle() {
32       }
33
34       public Circle(double radius, double pi) {
35            this.radius = radius;
36            this.pi = pi;
37       }
38
39       public double getArea() {               //实现 Shape 接口中的抽象方法
40            return pi * radius * radius;
41       }
42
43       public double getPerimeter() {          //实现 Shape 接口中的抽象方法
44            return 2 * pi * radius;
45       }
46  }
47
48  public class Test16_15 {
49
50       public static void main(String[] args) {
51            Circle c = new Circle(2,3.14);
52            System.out.println(c.getArea());
53            System.out.println(c.getPerimeter());
54
55            Rectangle r = new Rectangle(2.5,1.3);
56            System.out.println(r.getArea());
57            System.out.println(r.getPerimeter());
58
```

```
59        Shape s1 = new Circle(1,3.1415);      //接口作为引用类型
60        System.out.println(s1.getArea());      //此处 s1 指代的是实际的 Circle 对象
61        System.out.println(s1.getPerimeter());
62
63        Shape s2 = r;                          //接口作为引用类型
64        System.out.println(s2.getArea());      //此处 s2 指代的是实际对象 r
65        System.out.println(s2.getPerimeter());
66    }
67 }
```

在代码 16.15 的第 59 行中，Shape 作为引用类型，可以引用实现了 Shape 接口的 Circle 类的实例。s1 可以说有两种类型：引用类型是 Shape 接口；实际对象类型是 Circle 类。在第 60 行和第 61 行中，当对 s1 进行实际操作时，需按照实际运行时的对象类型，这叫作"动态绑定"。

代码 16.16 模拟了计算机生产的过程，让我们通过代码来体会一下"面向接口编程"的思想。

【代码 16.16】 模拟计算机生产组装的程序

接口的意义-2

```
1  interface Memory {            //定义接口 Memeory,规定"内存芯片"的规范
2      public abstract void cache();   //抽象方法,没有方法体
3  }
4  interface DispCard {          //定义接口 DispCard,规定"显卡"的规范
5      public abstract void display();
6  }
7  class Computer {              //集成了内存存储和显示功能的计算机
8      private Memory memory;
9      private DispCard dispCard;
10     public Computer (Memory memory, DispCard dispCard) { //需要"插入"内存芯片、显卡
11                                                          //参数为接口类型
12         this.memory = memory;
13         this.dispCard = dispCard;
14     }
15     public void cacheData() {    //提供内存功能
16         memory.cache();          //调用内存芯片的存储功能
17     }
18     public void display() {      //提供显示功能
19         dispCard.display();      //调用显卡的显示功能
20     }
21 }
22 class AMemory implements Memory {   //一种 Memory 的具体实现类
23     public void cache() {
24         System.out.println("提供来自 AMemory 的内存功能。");
```

```
25      }
26  }
27  class ADispCard implements DispCard {//一种 DispCard 的具体实现类
28      public void display() {
29          System.out.println("提供来自 ADispCard 的显卡功能。");
30      }
31  }
32  public class Test16_16 {
33      public static void main(String[] args) {
34          //传入 AMemory 对象和 ADispCard 对象,创建 Computer 对象
35          Computer computer = new Computer(new AMemory(), new ADispCard());
36          computer.cacheData();//动态绑定 AMemory 的 cache()
37          computer.display();//动态绑定 ADispCard 的 display()
38      }
39  }
```

在代码 16.16 的第 2 行,Memory 接口规定了内存的规范:所有内存必须提供 cache()方法。而 cache()的具体实现方式是没有确定的,是抽象方法。

在第 4 行,DispCard 接口规定了显卡的规范:所有显卡必须提供 display()方法。而 display()的具体实现是没有的,是抽象方法。

在第 7 行,Computer 类需要内存和显卡,第 10 行的构造方法传入的是 Memory 和 DispCard 接口类型(只要符合接口的内存和显卡的实例,都可以装配起来)。第 15 行通过调用 Memory 的 cache()方法来提供内存功能,第 18 行通过调用 DispCard 的 display()方法来提供显示功能。

第 22 行的 AMemory 类是实现 Memory 接口的一种具体内存类,第 27 行的 ADispCard 类是实现 DispCard 接口的一种具体显卡类。

在第 32 行的主类 TestComputer 中,用 AMemory 的实例和 ADispCard 的实例组装了一台计算机 computer,那么 computer 提供的内存功能来自 AMemory 类,computer 提供的显示功能来自 ADispCard 类。

这样的程序结构的优点如下。

第一,在 Memory 接口和 Display 接口定义好之后,Computer 类是面向接口编程的,Computer 类和各种内存实现类、显卡实现类可以同步开发,这样有利于多人合作。

第二,可以用任意的其他内存类来替换 AMemory 类,如 BMemory 类,只要 BMemory 类实现了 Memory 接口即可,对显卡类也是如此。替换具体的内存、显卡后,整个程序的结构是不变的,其他模块也是不受影响的,这有利于软件的可扩展性和可维护性。

下面用另外的内存 BMemory 或者显卡 BDispCard 的实现类来替换原有的内存和显卡,内存类实现 Memory 接口,显卡类实现 DispCard 接口,见代码 16.17。

【代码 16.17】

用另外的 Memory 的实现类 BMemory 和 DispCard 的实现类 BDispCard 类"组装"计算机。

```
1   class BMemory implements Memory {      //一种 Memory 的具体实现类
```

```
2      public void cache() {
3          System.out.println("提供来自 BMemory 类的内存功能。");
4      }
5  }
6  class BDispCard implements DispCard {    //一种 DispCard 类的具体实现类
7      public voiddisplay() {
8          System.out.println("提供来自 BDispCard 的显卡功能。");
9      }
10 }
11 public class Test16_17 {
12     public static void main(String[] args) {
13         //传入 AMemory 对象和 ADispCard 对象,创建 Computer 对象
14         Computer computer = new Computer(new BMemory(), new BDispCard());
15         computer.cacheData();//动态绑定 BMemory 的 cache()
16         computer.display();//动态绑定 BDispCard 的 display()
17     }
18 }
```

接口制定了规范,规定了接口的实现类必须提供的方法,而不同的实现类可以有不同的实现细节。在项目开发中,经常采用"面向接口编程",这意味着系统的主体架构使用接口搭建。这样实现类的实现细节以及实现类的更换都不会影响到系统的主体架构,提高了程序的可维护性、可扩展性。另外,接口提供了多继承途径,一个接口可以继承多个接口,一个类可以实现多个接口。

16.3 代码实现参考

数据层负责与数据库连接,并提供实体对象的创建、查询、更新和删除等操作。当客户端通过应用服务器与数据库建立连接之后,每个线程与数据库只有一个连接对象。每当需要操作数据库时,就获得这个连接对象。DatabaseConnection 类负责与数据库的连接以及对连接对象的维护。

【代码 16.18】 DatabaseConnection 类

```
1  package hr.dbc;
2
3  import java.sql.Connection;
4  import java.sql.DriverManager;
5  import java.sql.SQLException;
6
7  public class DatabaseConnection {
8      private static final String DBDRIVER = "com.mysql.jdbc.Driver";
9      private static final String DBURL = "jdbc:mysql://127.0.0.1:3306/hr";
10     private static final String DBUSER = "root";
11     private static final String PASSWORD = "";
```

```java
12      private static ThreadLocal<Connection> threadLocal =
                                        new ThreadLocal<Connection>();
13
14      private DatabaseConnection(){}      //取消实例化
15
16      private static Connection rebuidConnection() {
17          try {
18              Class.forName(DBDRIVER);
19          } catch (ClassNotFoundException e) {
20              e.printStackTrace();
21          }
22          try {
23              return DriverManager.getConnection(DBURL,DBUSER,PASSWORD);
24          } catch (SQLException e) {
25              e.printStackTrace();
26          }
27
28          return null;
29      }
30      /**
31       * 通过 ThreadLocal 对象取得 Connection 对象,每个线程存放自己的 Connection 对象
32       * 不再需要将数据库连接对象经常做传递,直接调用这个静态方法即可
33       * @return Connection 对象
34       */
35      public static Connection getConnection(){
36          Connection conn = threadLocal.get();
37          if(conn == null){                    //如果还没连接对象,就创建一个
38              conn = rebuidConnection();
39              threadLocal.set(conn);
40          }
41
42          return conn;
43      }
44      public static void close() throws SQLException{
45          Connection conn = threadLocal.get();
46          if(conn != null){
47              conn.close();
48          }
49          threadLocal.remove();
50      }
51
```

```
52  }
```

在代码 16.18 的第 12 行中,ThreadLocal 可以称为线程本地变量,它是一种特殊的线程绑定机制,将变量与线程绑定在一起,为每一个线程维护一个独立的变量副本。在一个线程周期内,无论在哪个层级,只需通过其提供的 get() 方法就可轻松获取对象,不需要将对象进行多次的传递,这极大地提高了对于"线程级变量"的访问便利性。而本例中的变量就是当前线程与数据库的连接对象——Connection 对象。

要获得与数据库的连接对象,只能通过调用代码 16.18 中第 35 行的静态方法 DatabaseConnection.getConnection() 实现。类 DatabaseConnection 是不需要创建对象的,所以代码 16.18 中的第 14 行将 DatabaseConnection 类的构造方法私有化。

要关闭与数据库的连接,需通过调用第 44 行的静态方法 DatabaseConnection.close() 实现。

数据层主要提供实体对象的创建、查询、更新和删除等操作,这里通过 IDAO 接口规范所有数据层类需要提供的方法。

【代码 16.19】 IDAO 接口

```
1   package hr.dao;
2
3   import java.sql.SQLException;
4   import java.util.List;
5   import java.util.Set;
6
7   public interface IDAO<K,V> {
8       /*
9        * 实现实体对象的增加操作
10       * @param entity:要增加的实体对象
11       * @return:若数据保存成功则返回 true,否则返回 false
12       * @throws Exception SQL 执行异常
13       */
14      public boolean doCreate(V entity) throws SQLException;
15
16      /*
17       * 实现实体对象的修改操作
18       * @param entity:要修改的实体对象,其中 id 属性一定不为空
19       * @return 若数据保存成功则返回 true,否则返回 false
20       * @throws Exception SQL 执行异常
21       */
22      public boolean doUpdate(V entity) throws SQLException;
23      /*
24       * 执行实体对象的删除操作
25       * @param id 包含了要删除的实体对象的 id 属性
26       * @return 若删除成功则返回 true,否则返回 false
```

```
27      * @throws Exception SQL 执行异常
28      */
29     public boolean doRemove(K id) throws SQLException;
30
31     /*
32      * 根据 id 查询数据记录
33      * @param id 要查询的雇员编号
34      * @return 如果存在,则将实体对象返回,如果不存在,则返回 null
35      * @throws Exception SQL 执行异常
36      */
37     public V findById(K id) throws SQLException ;
38
39     /*
40      * 查询所有的实体对象数据
41      * @return 如果数据表中有数据,则每条记录会封装为实体对象而后利用 List 集合返回
42      * 如果没有数据,那么返回集合的长度为 0
43      * @throws Exception SQL 执行异常
44      */
45     public List<V> findAll() throws SQLException ;
46
47     /*
48      * 分页进行数据的模糊查询,查询结果以集合的形式返回
49      * @param currentPage 当前所在的页
50      * @param lineSize 每页显示的数据行数
51      * @param column 要进行模糊查询的数据列
52      * @param keyWord 要模糊查询的数据列的值
53      * @return 如果查询到表中有符合条件的数据,则每条记录会封装为实体对象而
54     后利用 List 集合返回
55      * 如果没有数据,那么集合的长度为 0
56      * @throws Exception SQL 执行异常
57      */
58
59     public List<V> findAllSplit(Integer currentPage, Integer lineSize, String
60 column, String keyWord) throws SQLException ;
61
62     /*
63      * 进行模糊查询数据量的统计,如果表中没有记录符合条件,则返回的结果就是 0
64      * @param column 要进行模糊查询的数据列
65      * @param keyWord 要进行模糊查询的数据列的值
66      * @return 返回表中符合条件的记录条数,如果没有则返回 0
```

```
67      * @throws Exception
68      * */
69     public Integer getAllCount(String column, String keyWord) throws SQLException;
70 }
```

数据层的操作针对的是数据库中的具体数据表,具体的数据表除了需要 IDAO 接口中的方法外,还可能需要其他操作,由此,针对每个数据表有单独的数据层规范接口,这些接口首先继承 IDAO 接口,然后针对不同的数据表操作给出调整和补充。

【代码 16.20】 IDeptDAO 接口

```
1  package hr.dao;
2
3  import hr.entity.Dept;
4
5  import java.sql.SQLException;
6  //对 dept 部门表的数据层接口
7  //除了继承 IDAO 接口之外,增加了两个方法
8  public interface IDeptDAO extends IDAO<Integer, Dept> {
9      /*
10      * 在增加和修改部门名称之前,用来查询名称是否已经存在
11      *
12      * 根据 name 查询数据记录
13      * @param name 要查询的部门名称
14      * @return 如果存在,则返回 true,如果不存在,则返回 false
15      * @throws SQLException
16      * */
17     public boolean findByName(String name) throws SQLException;
18      /*
19      * 当增加或删除员工时,对应部门人数进行增加或者减少
20      *
21      * 改变部门人数
22      * @param id 要改变人数的部门编号
23      * @param changeNum 改变的数量,正数是增加,负数为减少
24      * @return 如果成功改变,则返回 true,否则返回 false
25      * @throws SQLException
26      * */
27     public boolean changeCount(Integer id, int changeNum) throws SQLException;
28
29 }
```

【代码 16.21】 IEmpDAO 接口

```
1  package hr.dao;
2
```

```
3    import hr.entity.Emp;
4    //对 emp 员工表的数据层接口只是继承 IDAO 接口中的内容
5    public interface IEmpDAO extends IDAO<String,Emp>{
6
7    }
```

若数据层提供了接口,上层的业务层就可以面向数据层的接口编程了,与数据层方法的实现相分离。接下来介绍在数据层提供相关接口的实现类。

【代码 16.22】 DeptDAOImpl 类

```
1    package hr.dao.impl;
2
3    import hr.dao.IDeptDAO;
4    import hr.dbc.DatabaseConnection;
5    import hr.entity.Dept;
6
7    import java.sql.PreparedStatement;
8    import java.sql.ResultSet;
9    import java.sql.SQLException;
10   import java.util.ArrayList;
11   import java.util.List;
12
13   public class DeptDAOImpl implements IDeptDAO {
14       PreparedStatement pstmt ;
15
16       @Override
17       public boolean doCreate(Dept entity) throws SQLException {
18           String sql = "INSERT INTO dept(name,count) VALUES (?,0)";
19           this.pstmt = DatabaseConnection.getConnection().prepareStatement(sql);
20           this.pstmt.setString(1, entity.getName());
21           return this.pstmt.executeUpdate() > 0;
22       }
23
24       //部门的 id 不能修改
25       @Override
26       public boolean doUpdate(Dept entity) throws SQLException {
27           String sql = "UPDATE dept SET name = ?, count = ? WHERE id = ?";
28           this.pstmt = DatabaseConnection.getConnection().prepareStatement(sql);
29           this.pstmt.setString(1, entity.getName());
30           this.pstmt.setInt(2, entity.getCount());
31           this.pstmt.setInt(3, entity.getId());
32           return this.pstmt.executeUpdate() > 0;
```

```java
33      }
34
35      @Override
36      public boolean doRemove(Integer id) throws SQLException {
37
38          String sql = "DELETE FROM dept WHERE id = ?";
39          this.pstmt = DatabaseConnection.getConnection().prepareStatement(sql);
40          this.pstmt.setInt(1,id);
41          return this.pstmt.executeUpdate() > 0;
42      }
43
44      @Override
45      public Dept findById(Integer id) throws SQLException {
46          Dept entity = null;
47          String sql = "SELECT id,name,count FROM dept WHERE id = ?";
48          this.pstmt = DatabaseConnection.getConnection().prepareStatement(sql);
49          this.pstmt.setInt(1, id);
50          ResultSet rs = this.pstmt.executeQuery();
51          if (rs.next()) {
52              entity = new Dept();
53              entity.setId(rs.getInt(1));
54              entity.setName(rs.getString(2));
55              entity.setCount(rs.getInt(3));
56          }
57          return entity;
58      }
59
60      @Override
61      public List<Dept> findAll() throws SQLException {
62          List<Dept> all = new ArrayList<Dept>();
63          String sql = "SELECT id,name,count FROM dept";
64          this.pstmt = DatabaseConnection.getConnection().prepareStatement(sql);
65          ResultSet rs = this.pstmt.executeQuery();
66          while (rs.next()) {
67              Dept entity = new Dept();
68              entity.setId(rs.getInt(1));
69              entity.setName(rs.getString(2));
70              entity.setCount(rs.getInt(3));
71              all.add(entity);
72          }
```

```java
73          return all;
74      }
75
76      //因为部门个数少,不需要分页
77      @Override
78      public List<Dept> findAllSplit(Integer currentPage, Integer lineSize,
79              String column, String keyWord) throws SQLException {
80          throw new SQLException("此方法未使用");
81      }
82
83      @Override
84      public Integer getAllCount(String column, String keyWord) throws SQLException {
85          throw new SQLException("此方法未使用");
86      }
87
88      @Override
89      public boolean findByName(String name) throws SQLException{
90          String sql = "SELECT * FROM DEPT WHERE name = ?";
91
92          this.pstmt = DatabaseConnection.getConnection().prepareStatement(sql);
93
94          this.pstmt.setString(1, name);
95          ResultSet rs = this.pstmt.executeQuery();
96          if(rs.next()){
97              return true;
98          }
99          return false;
100     }
101
102     @Override
103     public boolean changeCount(Integer id, int changeNum) throws SQLException {
104         Dept dept = this.findById(id);
105         Integer count = dept.getCount();
106         dept.setCount(count + changeNum);
107         return this.doUpdate(dept);
108     }
109 }
```

【代码 16.23】 EmpDAOImpl 类

```java
1 package hr.dao.impl;
2 package hr.dao.impl;
```

```
3
4   import hr.dao.IEmpDAO;
5   import hr.dbc.DatabaseConnection;
6   import hr.entity.Emp;
7
8   import java.sql.PreparedStatement;
9   import java.sql.ResultSet;
10  import java.sql.SQLException;
11  import java.util.ArrayList;
12  import java.util.Iterator;
13  import java.util.List;
14  import java.util.Set;
15
16  public class EmpDAOImpl implements IEmpDAO {
17      PreparedStatement pstmt;
18
19      @Override
20      public boolean doCreate(Emp entity) throws SQLException {
21          String sql = "INSERT INTO emp(id,name,sex,birthday,deptid,tel)
                            VALUES (?,?,?,?,?,?)";
22          this.pstmt = DatabaseConnection.getConnection().prepareStatement(sql);
23          this.pstmt.setString(1, entity.getId());
24          this.pstmt.setString(2, entity.getName());
25          this.pstmt.setInt(3, entity.getSex());
26          this.pstmt.setDate(4, new java.sql.Date(entity.getBirthday().getTime()));
27          this.pstmt.setString(6, entity.getTel());
28          if (entity.getDept() != null) {
29              this.pstmt.setInt(5, entity.getDept().getId());
30          } else {
31              this.pstmt.setNull(5, java.sql.Types.NULL);
32          }
33          return this.pstmt.executeUpdate() > 0;
34      }
35
36      @Override
37      public boolean doUpdate(Emp entity) throws SQLException {
38          String sql = "UPDATE emp SET name = ?,sex = ?,birthday = ?,deptid = ?,
                            tel = ? WHERE id = ?";
39          this.pstmt = DatabaseConnection.getConnection().prepareStatement(sql);
40          this.pstmt.setString(1, entity.getName());
```

```java
41          this.pstmt.setInt(2, entity.getSex());
42          this.pstmt.setDate(3, new java.sql.Date(entity.getBirthday().getTime()));
43          this.pstmt.setString(5, entity.getTel());
44          this.pstmt.setString(6, entity.getId());
45          if (entity.getDept() != null) {
46              this.pstmt.setInt(4, entity.getDept().getId());
47
48          } else {
49              this.pstmt.setNull(4, java.sql.Types.NULL);
50          }
51          return this.pstmt.executeUpdate() > 0;
52      }
53
54      @Override
55      public boolean doRemove(String id) throws SQLException {
56          String sql = "DELETE FROM emp WHERE id = ?";
57          this.pstmt = DatabaseConnection.getConnection().prepareStatement(sql);
58          this.pstmt.setString(1, id);
59          return this.pstmt.executeUpdate() > 0;
60      }
61
62      @Override
63      public Emp findById(String id) throws SQLException {
64          Emp entity = null;
65          String sql = "SELECT id,name,sex,birthday,deptid,
                          tel FROM emp WHERE emp.id = ? ";
66          this.pstmt = DatabaseConnection.getConnection().prepareStatement(sql);
67          this.pstmt.setString(1, id);
68          ResultSet rs = this.pstmt.executeQuery();
69          if (rs.next()) {
70              entity = new Emp();
71              entity.setId(rs.getString(1));
72              entity.setName(rs.getString(2));
73              entity.setSex(rs.getInt(3));
74              entity.setBirthday(rs.getDate(4));
75              entity.getDept().setId(rs.getInt(5));
76              entity.setTel(rs.getString(6));
77          }
78          return entity;
79      }
```

```java
80
81      @Override
82      public List<Emp> findAll() throws SQLException {
83          List<Emp> all = new ArrayList<Emp>();
84          String sql = "SELECT id,name,sex,birthday,deptid,tel FROM emp ";
85          this.pstmt = DatabaseConnection.getConnection().prepareStatement(sql);
86          ResultSet rs = this.pstmt.executeQuery();
87          while (rs.next()) {
88              Emp entity = new Emp();
89              entity = new Emp();
90              entity.setId(rs.getString(1));
91              entity.setName(rs.getString(2));
92              entity.setSex(rs.getInt(3));
93              entity.setBirthday(rs.getDate(4));
94              entity.getDept().setId(rs.getInt(5));
95              entity.setTel(rs.getString(6));
96              all.add(entity);
97          }
98          return all;
99      }
100
101     @Override
102     public List<Emp> findAllSplit(Integer currentPage, Integer lineSize,
103             String column, String keyWord) throws SQLException {
104         List<Emp> all = new ArrayList<Emp>();
105         String sql = "SELECT * FROM "
106                 + " (SELECT id,name,sex,birthday,deptid,tel,ROWNUM rn"
107                 + " FROM emp" + " WHERE " + column
108                 + " LIKE ? AND ROWNUM <= ?) temp " + " WHERE temp.rn >? ";
109         this.pstmt = DatabaseConnection.getConnection().prepareStatement(sql);
110         this.pstmt.setString(1, "%" + keyWord + "%");
111         this.pstmt.setInt(2, currentPage * lineSize);
112         this.pstmt.setInt(3, (currentPage - 1) * lineSize);
113         ResultSet rs = this.pstmt.executeQuery();
114         while (rs.next()) {
115             Emp entity = new Emp();
116             entity.setId(rs.getString(1));
117             entity.setName(rs.getString(2));
```

```
118                 entity.setSex(rs.getInt(3));
119                 entity.setBirthday(rs.getDate(4));
120                 entity.getDept().setId(rs.getInt(5));
121                 entity.setTel(rs.getString(6));
122                 all.add(entity);
123             }
124             return all;
125         }
126
127         @Override
128         public Integer getAllCount(String column, String keyWord)
129                 throws SQLException {
130             String sql = "SELECT COUNT(id) FROM emp WHERE " + column + " LIKE ?";
131             this.pstmt = DatabaseConnection.getConnection().prepareStatement(sql);
132             this.pstmt.setString(1, "%" + keyWord + "%");
133             ResultSet rs = this.pstmt.executeQuery();
134             if (rs.next()) {
135                 return rs.getInt(1);
136             }
137             return null;
138         }
139 }
```

业务层在调用数据层功能的时候,需要调用数据层实现类的方法,并获得数据层实现类的对象。而数据层实现类是有可能改变的,数据层应该给业务层提供统一的获取数据层实例化对象的途径,使得数据层实现类的替换对于业务层也是透明的。下面通过DAOFactory类来提供获得数据层实现类对象的统一方法。

【代码16.24】 DAOFactory 类

```
1  package hr.factory;
2
3  import hr.dao.IDeptDAO;
4  import hr.dao.IEmpDAO;
5  import hr.dao.impl.DeptDAOImpl;
6  import hr.dao.impl.EmpDAOImpl;
7
8  public class DAOFactory {
9      private DAOFactory() {
10     }//私有化构造方法,不允许直接实例化对象
11
```

```
12      public static IEmpDAO getIEmpDAOInstance() {
13          return new EmpDAOImpl();
14      }
15
16      public static IDeptDAO getIDeptDAOInstance() {
17          return new DeptDAOImpl();
18      }
19  }
```

数据层主要类的关系如图 3.16.5 所示。

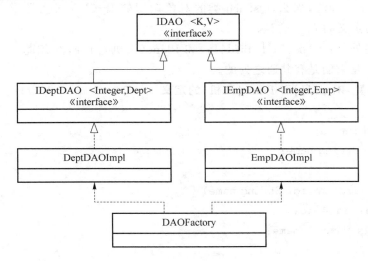

图 3.16.5　数据层主要类的关系

总结如下。

(1) 数据层的功能

数据层负责持久化技术的实现(所谓持久化技术,指的是内存数据和外存数据之间的转换技术,典型的情况是内存中的对象模型与外存中的关系模型之间的转换。简单说,就是内存中的对象向外存中的关系型数据库进行存入或取出)。数据层对每个数据库中的数据表都提供一个类,实现该数据表的 CRUD 操作(增加、查询、更新、删除)。

(2) 数据层的意义

数据层提供了数据访问的接口,数据库访问的细节对于上层的业务层是透明的,业务层可以专注于业务逻辑的实现。并且,持久化技术的切换(如不同数据库的移植)只局限在数据层的完成上,这提高了系统的可维护性、可复用性。

(3) 数据层的组成

数据层一般包括 DAO 接口、DAO 接口的实现类、DAO 工厂类。

(4) 持久化技术的实现框架

所谓框架,就是指实现某种特定任务的软件组件,它与具体的应用软件无关,主要是基本软件架构和体系的部分实现,软件人员可以按照这些架构的应用方式,将这些架构的实现纳入自己的应用系统中,实现更为复杂的应用系统。

本书第3篇中的软件架构设计只是一种简化的实现演示,是多种架构设计方式中的一种。对于持久化技术的实现,当前有比较成熟的实现框架,可以直接在应用系统中采用,如Hibernate、Mybatis等。

16.4 知识点拓展:抽象类、多态

1. 抽象类

(1)抽象类的引出

在代码16.8中,Bird类和Ostrich类有继承关系,Ostrich类中重写了父类Bird中的fly()方法,那么,Ostrich类的对象调用的fly()方法就是Ostrich类中自己定义的fly()方法。

接下来,有另外一种情况:对于Bird(鸟)和Plane(飞机),它们没有直接的继承关系,但是它们是有共通之处的。

抽象类-1

【代码16.25】 Bird(鸟)和Plane(飞机)的定义

抽象类-2

```
1  class Bird{
2      private int id;
3      private String name;
4
5      public Bird(int id, String name) {
6          this.id = id;
7          this.name = name;
8      }
9
10     public void introduce() {
11         System.out.println("id:" + id + ",name:" + name );
12     }
13
14     public void fly(){
15         System.out.println("我是鸟儿,我展翅就可以高飞!");
16     }
17 }
18
19 class Plane{
20     private int id;
21     private String name;
22
23     public Plane(int id, String name) {
24         this.id = id;
25         this.name = name;
26     }
```

```
27
28      public void introduce() {
29          System.out.println("id:" + id + ",name:" + name );
30      }
31
32      public void fly(){
33          System.out.println("飞机:滑行-起飞-飞行-降落-着陆-滑行。");
34      }
35  }
```

在代码 16.25 中,Bird 和 Plane 是不会有父子关系的,也不会有兄弟关系。但是他们有共通的特征:都有 id 和 name 属性;都有相同的 introduce()方法;都有 fly()方法(但是实现体不同)。

现在我们把 Bird 和 Plane 中相同的特征抽取出来,使其成为 Flyer(飞行器)父类,Bird 和 Plane 都继承 Flyer,因为鸟和飞机都会飞,只是飞的方式不同。

Flyer(飞行器)是抽取所有具体的飞行器特征,而每种具体飞行器的 fly()的实现体是不同的,所以 Flyer 的 fly()是写不出实现体的,Flyer 是个抽象类,它规定了所有具体的飞行器应该具有的特征。

【代码 16.26】 Flyer 抽象类、Bird(鸟)类、Plane(飞机)类的定义

```
1   abstract class Flyer{        //抽象类
2       private int id;
3       private String name;
4
5       public Flyer(int id, String name) {
6           super();
7           this.id = id;
8           this.name = name;
9       }
10      public abstract void fly();              //抽象方法
11      public void introduce() {
12          System.out.println("id:" + id + ",name:" + name );
13      }
14  }
15  class Bird extends Flyer{
16      public Bird(int id, String name) {
17          super(id,name);
18      }
19      public void fly(){           //实现父类的抽象方法
20          System.out.println("鸟儿:我展翅就可以高飞。");
21      }
22  }
```

```
23
24  class Plane extends Flyer{
25      public Plane(int id, String name) {
26          super(id,name);
27      }
28
29      public void fly(){            //实现父类的抽象方法
30          System.out.println("飞机:滑行-起飞-飞行-降落-着陆-滑行。");
31      }
32  }
33  public class Test16_26 {
34
35      public static void main(String[] args) {
36          TestAbstract t = new TestAbstract();
37          t.go(new Bird(1,"老鹰"));        //传入 Bird 对象
38          System.out.println("****************");
38          t.go(new Plane(2,"波音 747"));   //传入 Plane 对象
40      }
41      public void go(Flyer flyer){     //参数类型是 Flyer
42          flyer.introduce();
43          flyer.fly();
44      }
45  }
```

运行结果:

id:1,name:老鹰

鸟儿:我展翅就可以高飞。

****

id:2,name:波音 747

飞机:滑行-起飞-飞行-降落-着陆-滑行。

在代码 16.26 第 33 行的 Test16_26 类中,go()方法接收的参数是父类 Flyer 类型,那么在调用的时候就可以接受 Bird 或者 Plane 的子类对象。在执行的时候,根据传入的具体类型,动态绑定对应类的 fly()方法。所以,同样的 go()方法调用不同的对象时,其运行结果不同。

如果又有了新的具体飞行器〔如 Cloud 云它有自己的 fly()实现〕,只需要定义 Cloud 类,继承自 Flye 类,实现 fly()方法。在 Test16_26 类中,整个程序结构不需要改变,为 go()方法传入 Cloud 类的对象即可。可以理解为在程序的主干不改变的情况下,可以替换传入的对象类型(Bird、Plane、Cloud),这样提高了程序的可扩展性和可维护性。

(2) 抽象类的语法规定

抽象类用来给出一组子类的设计模板,子类可以对父类进行扩展,但必须实现父类中所有的抽象方法,这避免了子类设计的随意性。

抽象类的意义

抽象类的语法规定：
① 用 abstract 修饰的类就是抽象类，抽象类是不能被实例化的。
② 抽象方法用 abstract 修饰，没有方法体；包含抽象方法的类一定是抽象类。
③ abstract 不能与 private、static、final 并列修饰一个方法。
抽象类定义的语法格式如下：
abstract class 类名
{
    成员变量的声明；
    一般成员方法的声明；
    abstract 返回值类型 方法名(参数列表)； //抽象方法的声明

}

抽象类给类定义"模板"，将类进行类型的划分，是用来继承的。
如果继承了抽象类，就必须实现父类中所有的抽象方法，否则，本类也成为抽象类。

2. 多态
(1) 多态的概念和实现

可以有下面这样的赋值语句，因为鸵鸟就是一种鸟：
Bird b = new Ostrich("004","鸵鸟二");

这样的赋值造成对象 b 有两种类型，左边的引用类型是 Bird，而运行时真正赋值给 b 的是右边的 Ostrich 对象。可以说 b 的引用类型是 Bird，而 b 的运行时类型是 Ostrich，那么 b.fly() 是调用 Bird 的 fly()，还是 Ostrich 的 fly() 呢？因为 b 实际上是一个 Osctrich 对象，显然调用 Ostrich 的 fly() 是合理的。所以当引用类型和运行时类型有重写的方法时，应调用运行时类型中的方法。

【代码 16.27】 多态例程

```
1  // Bird 类：
2  class Bird {
3      private int id;
4      private String name;
5  
6      public Bird (int  id ,String name) {
7          this.id = id;
8          this.name = name;
9      }
10     public void fly(){
11         System.out.println(name + "在天上飞…");
12     }
13 }
14 // Ostrich 类：
15 class  Ostrich   extends Bird{
16     public Ostrich (int id ,String name) {
```

```
17          super(id,name);     //调用父类的构造方法
18      }
19      public void jump(){
20          System.out.println(name+"正在跳");
21      }
22      public void fly(){          //重写父类 Bird 的 fly()方法
23          System.out.println(name+"虽然是鸟,但是只能在地上走");
24      }
25 }
```

现在定义一个 Bird 类型的数组,在这个数组中有 Bird 对象,也有 Ostrich 对象。

【代码 16.28】 多态例程

```
1  public class Test16_28{
2      public static void main(String[] args){
3          Bird[] birds = new Bird[2];
4          birds[0] = new Bird("005","老鹰");
5          birds[1] = new Ostrich("006","鸵鸟");
6          for(int i = 0;i<birds.length;i++){
7              birds[i].fly();          //对数组中的所有对象统一调用 fly()方法
8          }
9      }
10 }
```

运行结果:

老鹰正在飞

鸵鸟虽然是鸟,但是只能在地上走

在代码 16.28 的第 6 行中,数组中的对象循环调用 fly(),但数组中不同对象的运行结果会不同,这就表现出了多态。对于引用类型为父类的对象,可以传入父类或者子类的对象,当父类和子类存在重写方法时,实际调用的方法是根据运行时类型动态绑定的。多态是指同一个方法调用发生在不同的对象上时会产生不同的结果,因为虽然代码中调用的方法名相同,但实际运行时调用的方法却是不同的。

注意,编译是按照引用类型进行语法检查的。

Bird b2 = new Ostrich("007","鸵鸟三");

b2.jump();//编译出错

b2 的运行时类型是 Ostrich,引用类型是 Bird。在编译的时候,是按照引用类型 Bird 检查的,而 Bird 类中是没有 jump()方法的,所以上述语句会编译出错,虽然 Ostrich 类中是有 jump()方法的。

(2) 实现多态的条件

实现多态的条件如下。

第一,存在父类和子类之间的继承关系。

第二,子类中重写了父类的方法。

第三,父类引用指向子类对象。

【代码 16.29】

需求:模拟出试卷和批改试卷。每个题目包括题号、题面、选项数组,题目类型分为单项选择题和多项选择题。

① 父类:Question(题目)。

```
1  class Question
2  {
3      private int id;              //题号
4      private String title;        //题面
5      private String[] options;    //选项
6      public Question(intid,String title,String[] options)   //构造方法
7      {
8          this.id = id;
9          this.title = title;
10         this.options = options;
11     }
12     public void printQuestion()     //打印题面和选项
13     {
14         System.out.println(id + "." + title);
15         for(int i = 0;i < options.length;i ++ )
16         {
17             System.out.println(options[i]);
18         }
19     }
20     public boolean check(String[] ans) //批改答案,因为单选和多选题的批改方式
21                                        //不同,需要在子类中重写
22     {
23         return false;//模拟
24     }
25 }
```

② 子类:SingleQuestion(单项选择题)。

```
1  class SingleQuestion extends Question
2  {
3      private String answer;       //正确答案
4      public SingleQuestion(int id,String titile,String[] options,String answer)
5      {
6          super(id,titile,options);
7          this.answer = answer;
8      }
9      public boolean check(String[] ans)       //重写父类方法。核对答案
10     {
11         if(ans.length != 1)
```

```
12          {
13              return false;
14          }
15          else
16          {
17              return ans[0].equals(answer);
18          }
19      }
20  }
```

在子类 SingleQuestion 中。代码的第 1 行继承父类 Question；代码的第 9 行重写父类方法 public boolean check(String[] ans)。

③ 子类：MultiQuestion(多项选择题)。

```
1   import java.util.*;
2   class MultiQuestion extends Question
3   {
4       private String[] answer;      //正确答案
5       public MultiQuestion(int id,String titile,String[] options,
                             String[] answer) //构造方法
6       {
7           super(id,titile,options);
8           this.answer = answer;
9       }
10      public boolean check(String[] ans)    //重写父类方法,核对答案
11      {
12          Arrays.sort(ans);
13          return Arrays.equals(ans,answer);
14      }
15  }
```

在子类 MultiQuestion 中，代码的第 2 行继承父类 Question；代码的第 10 行重写父类方法 public boolean check(String[] ans)。

④ TestQuestion(测试类)。

```
1   class TestQuestion
2   {
3       public static void main(String[] args)
4       {
5           //试卷包括若干的题目,其中有单选题也有多项选择题
6           //由此数组的引用类型应该是 Question
7           Question[] questions = new Question[2];
8           questions[0] = new SingleQuestion(1,"中国最长的河流:",
9                           new String[]{"A.长江","B.黄河","C.珠江"},"A");
```

```
10          questions[1] = new MultiQuestion(2,"哺乳类动物是:",
11                 new String[]{"A.麻雀","B.蝙蝠","C.鲸鱼"},new String[]{"B","C"});
12
13          for(int i = 0;i < questions.length;i++)    //打印题目
14          {
15              questions[i].printQuestion();
16          }
17          //模拟批阅答案,由实际的运行时类型决定调用哪个类中的check()方法。
18          //体现了多态
19          System.out.println (questions[0].check(new String[]{"B"}));
20          System.out.println (questions[1].check(new String[]{"B","C"}));
21      }
22  }
```

在 TestQuestion 测试类中,代码的第 7 行定义父类 Question 数组;代码的第 8 行到第 11 行在引用类型为父类的数组中,放入子类的对象;代码的第 19 行、第 20 行统一调用 check()方法进行答案批改,对于单选题调用 SingleQuestion 类的 check()方法,对于多项选择题调用 MultiQuestion 类的 check()方法,这体现了多态。

练　习

一、选择题

1. 对于抽象类和接口的区别,以下说法正确的是(　　)。
A. 抽象类可以有构造方法,接口中不能有构造方法
B. 抽象类中可以有普通成员变量,接口中没有普通成员变量
C. 抽象类中不可以包含静态方法,接口中可以包含静态方法
D. 一个类可以实现多个接口,但只能继承一个抽象类

2. 下面程序的输出结果是(　　)。

```
public class M {
    public static void main(String[] args) {
        int[] a = { 2, 4, 6, 8, 3, 6, 9, 12 };
        doSomething(a, 0, a.length - 1);
        for (int i = 0; i <= a.length - 1; i++)
            System.out.print(a[i] + " ");
    }
    private static void doSomething(int[] a, int start, int end) {
        if (start < end) {
            int p = core(a, start, end);
            doSomething(a, start, p - 1);
            doSomething(a, p + 1, end);
```

```java
        }
    }
    private static int core(int[] a, int start, int end) {
        int x = a[end];
        int i = start;
        for (int j = start; j <= end - 1; j++) {
            if (a[j] >= x) {
                swap(a, i, j);
                i++;// 交换了几次
            }
        }// 把最大的放到最后
        swap(a, i, end);// 把最大的放到i的位置
        return i;
    }
    private static void swap(int[] a, int i, int j) {
        int tmp = a[i];
        a[i] = a[j];
        a[j] = tmp;
    }
}
```

A. 找到最大值 　　　　　　　　　　　B. 找到最小值
C. 从大到小的排序　　　　　　　　　　D. 从小到大的排序

二、编程题

1. 编写 Employee(雇员)类。

成员变量:员工编号 empID、姓名 name、电话号码 tel、工资 salary。

成员方法:

① 构造方法(无参构造方法、带有4个参数的构造方法)。

② 针对 empID 的 getter()方法、针对 salary 的 setter()和 getter()方法。

③ void raiseSalary(double proportion)方法按 proportion 比例涨工资,并重新设置新的工资值。

2. 编写 Manager(经理)类,该类继承于 Employee 类。

成员变量:增加办公室 officeID。

成员方法:

① 两个构造方法〔无参构造方法、带有5个参数的构造方法(用于初始化该类的所有属性)〕。

② officeID 属性的 setter()和 getter()方法。

③ 重写父类 Employee 类中的方法 void raiseSalary(double dblProportion),经理涨工资的计算方法为在雇员工资涨幅的基础上增加10%的比例。

3. 编写 Temporary (临时工)类,该类继承于 Employee 类。

成员变量:增加雇佣年限 hireYear。

成员方法：

① 两个构造方法〔无参构造方法、带有 5 个参数的构造方法（用于初始化该类的所有属性）〕。

② hireYear 属性的 setter() 和 getter() 方法。

③ 重写父类 Employee 类中的方法 void raiseSalary(double dblProportion)，临时工的工资涨幅为正式雇员涨幅的 50%。

4. 编写测试程序。

① 创建一个长度为 3 的 Employee 类型的对象数组，数组元素分别为 Employee 对象、Manager 对象和 Temporary 对象。

② 为所有雇员涨一次工资，涨幅为 10%。

③ 输出所有雇员的员工编号信息和最终工资信息。

第 17 章　业务层的定义

17.1　设计目的

1. 业务层的主要任务和意义

业务层负责提供系统所需要的业务方法。系统有多少个业务需求,业务层就要提供多少个对应的方法。业务层所需要的对持久层的访问,全部通过调用数据层提供的方法来实现,业务层依赖于数据层。业务层只完成系统业务逻辑的实现。

2. 系统的业务需求

当前的公司人员信息管理系统包括的业务需求如下。

(1) 针对部门对象的业务需求

① 成立新部门:新部门的名称不得与原有部门名称不重复。

② 修改部门信息:部门的人数不能直接修改,只是在员工增删的时候修改相应部门的人数。

③ 撤销部门:按照要删除部门的 id,查询到该部门的人数为 0 时,就可以删除该部门。

④ 部门查询:查询所有部门;按照部门 id 查询部门。

(2) 针对员工对象的业务需求

① 新员工入职:为新员工设置 id,新员工的 id 不得与已有员工 id 重复。员工除了 id 外,其他的属性有姓名、性别、生日、部门编号、电话号码。

② 修改员工信息:员工 id 不能修改。当修改信息包括员工的部门编号时,需要将原有部门人数减 1,新部门人数加 1。

③ 员工离职:删除员工,员工所在部门人数减 1。

④ 查询(提供几种不同查询的方式):查询所有员工;按照员工 id 查询员工;按照某个员工的属性值模糊查询,查询结果可分页。

17.2　相关知识点:设计模式

在软件开发过程中经常会面临一些典型问题,设计模式是软件开发人员在软件开发过程中对一些典型问题的解决方案。这些解决方案是众多软件开发人员经过很长时间的反复设计试验得出的、被多数人知晓的、经过分类编目的经验总结。使用设计模式是为了提高代码的复用性、可读性、可靠性、可扩展性。

在项目中合理地运用设计模式可以比较妥善地解决很多问题,每种设计模式在现实中都有相应的原理与之对应,每种设计模式都描述了一个在软件开发过程中重复发生的问题以及该问题的核心解决方案,这也是设计模式能被广泛应用的原因。

下面，简单了解 2 个本篇中用到的设计模式。

1. 工厂模式（Factory Pattern）

工厂模式是 Java 中最常用的设计模式之一。这种类型的设计模式属于创建型模式，它提供了一种创建对象的最佳方式。

在工厂模式中，我们在创建对象时不会对客户端暴露创建逻辑，并且是通过使用一个共同的接口来指向新创建的对象。

在代码 16.24 中，DAOFactory 类提供了获得 IEmpDAO 和 IDeptDAO 实现类的两个统一的方法：getIEmpDAOInstance() 和 getIDeptDAOInstance()。需要获得实现类的时候，只需要调用这两个方法即可。如果实现类要替换或者修改，只需要修改 DAOFactory 工厂类即可，而调用者是不需要改变的。

getIEmpDAOInstance() 和 getIDeptDAOInstance() 这两个方法都是 static，直接调用这两个静态方法就可以获得对应的 DAO 接口的实现类。而 DAOFactory 类是不需要创建实例的，由此，DAOFactory 类的构造方法定义为 private，这样就不能直接实例化 DAOFactory。

2. 数据访问对象模式（Data Access Object Pattern）

数据访问对象模式也称为 DAO 模式，用于封装数据库持久层的操作，使得底层数据层的操作逻辑和高层业务层的操作逻辑分离，达到解耦的目的。这样，当底层持久层技术（数据库或者文件）发生改变或者需要替换时，只需要重写或者修改数据层的代码，而高层业务层可以很方便地进行迁移。

高层业务层只关注业务逻辑的实现，底层数据层的实现对业务层透明，业务层只是面对数据层提供的接口进行编程。同时，业务层也向它的调用层隐藏实现细节，而只提供编程接口。每层的实现都是隐藏自身细节，只向外暴露编程接口，这也称为"面向接口编程"。

DAO 模式的软件结构主要包括数据库连接类、实体类、数据层（DAO 接口、DAO 接口实现类、DAO 工厂类）、业务层（业务层接口、业务层接口实现类、业务层工厂类）。

请大家在下面的业务层代码实现中体会 DAO 模式的实现思想。

17.3 代码实现参考

【代码 17.1】 IDeptService 接口

```
1  package hr.service;
2
3  import hr.entity.Dept;
4
5  import java.sql.SQLException;
6  import java.util.List;
7  import java.util.Set;
8  /**
9   * 定义部门的业务层的执行标准,此类一定要负责数据库的打开与关闭操作
10  * 此类可以通过 DAOFactory 类取得 IDeptDAO 接口对象
11  */
12 public interface IDeptService {
```

```java
13      /**
14       * 实现部门数据的增加操作
15       * 需要调用 IDeptDAO.findByName()方法,判断要增加数据的 name 是否已经存在
16       * 如果要增加的部门名称不存在,则调用 IDeptDAO.doCreate()方法,返回操作的结果
17       *
18       * @param entity 包含了要增加数据的 entity 对象
19       * @return 如果增加数据的 name 重复或者保存失败,则返回 false,否则返回 true
20       * @throws Exception
21       */
22      public boolean add(Dept entity) throws Exception ;
23      /**
24       * 实现部门数据的修改操作,本次要调用 IDeptDAO.doUpdate()方法
25       * 不可以直接修改部门人数
26       * @param entity
27       * @return
28       * @throws Exception
29       */
30      public boolean edit(Dept entity) throws Exception ;
31      /**
32       * 执行部门数据的删除操作,调用 IDeptDAO.doRemove()方法
33       * 需要调用 IDeptDAO.findById()获得部门人数,如果人数大于 0,则不能删除部门
34       *
35       * @param id 要删除部门的编号
36       * @return
37       * @throws SQLException
38       */
39      public boolean remove(Integer id) throws Exception ;
40      /**
41       * 查询全部部门信息,调用 IDeptDAO.findAll()方法
42       *
43       * @return 查询结果以 List 集合的形式返回,如果没有数据,则集合的长度为 0
44       * @throws Exception
45       */
46      public List<Dept> list() throws Exception ;
47      /**
48       * 根据部门编号查找部门的完整信息,调用 IEmpDAO.findById()查询
49       *
50       * @param ids
51       * @return 如果找到了,则部门信息以 entity 对象返回,否则返回 null
52       * @throws Exception
```

```
53        */
54        public Deptget(int id) throws Exception ;
55  }
```

【代码 17.2】 IEmpService 接口

```
1   package hr.service;
2
3   import hr.entity.Emp;
4
5   import java.sql.SQLException;
6   import java.util.List;
7   import java.util.Map;
8   import java.util.Set;
9
10  /**
11   * 定义员工业务层的执行标准,此类一定要负责数据库的打开与关闭操作
12   * 此类可以通过DAOFactory类取得IEmpDAO接口对象
13   */
14  public interface IEmpService {
15      /**
16       * 实现雇员数据的增加操作,本次操作要调用 IEmpDAO 接口的如下方法
17       * 需要调用 IEmpDAO.findById()方法,判断要增加数据的 id 是否已经存在
18       * 如果现在要增加的数据编号不存在,则调用 IEmpDAO.doCreate()方法,并调用
19       *     IDeptDAO.changeCount()改变部门人数,返回操作的结果
20       *
21       * @param entity 包含了要增加数据的 entity 对象
22       * @return 如果增加数据的 ID 重复或者保存失败,则返回 false,否则返回 true
23       * @throws Exception
24       */
25      public boolean add(Emp entity) throws Exception;
26
27      /**
28       * 实现雇员数据的修改操作,本次要调用 IEmpDAO.doUpdate()方法,本次修改属于全
29   部内容的修改
30       * 如果要修改部门编号,那么需要调用 IDeptDAO.changeCount()改变部门人数
31       * @param entity
32       * @return
33       * @throws Exception
34       */
35      public boolean edit(Emp entity) throws Exception;
36
```

```
37      /**
38       * 执行雇员数据的删除操作,调用 IEmpDAO.doRemove()方法
39       * 需要调用 IDeptDAO.changeCount()改变部门人数
40       *
41       * @param ids 包含了全部要删除数据的集合,没有重复数据
42       * @return
43       * @throws SQLException
44       */
45      public boolean remove(String id) throws Exception;
46
47      /**
48       * 根据雇员编号查找雇员的完整信息,调用 IEmpDAO.findById()查询
49       *
50       * @param ids
51       * @return 如果找到了,则雇员信息以 entity 对象返回,否则返回 null
52       * @throws Exception
53       */
54      public Empget(String ids) throws Exception;
55
56      /**
57       * 查询全部雇员信息,调用 IEmpDAO.findAll()方法
58       *
59       * @return 查询结果以 List 集合的形式返回,如果没有数据,则集合的长度为 0
60       * @throws Exception
61       */
62      public List<Emp> list() throws Exception;
63
64      /**
65       * 实现数据的模糊查询与数据统计,要调用 IEmpDAO 接口的两个方法
66       * 调用 IEmpDAO.findAllSplit()方法,查询出所有的表数据,返回的是 List<Emp>
67       * 调用 IEmpDAO.getAllCount()方法,查询所有的数据量,返回的是 Integer
68       *
69       * @param currentPage 当前所在页
70       * @param lineSize 每页显示的记录数
71       * @param column 模糊查询的数据列
72       * @param keyWord 关键字
73       *
74       * @return 由于需要返回多种数据类型,所以使用 Map 集合返回,由于类型不统一,
75         所以所有 value 的类型设置为 Object
76       * 如果 key = allEmps,value = IEmpDAO.findAllSplit(),返回结果类型是 List<Emp>
```

```
77       * 如果 key = empCount,value = IEmpDAO.getAllCount() 返回结果类型是 Integer
78       * @throws Exception
79       */
80      public Map<String, Object> list(int currentPage, int lineSize,
81      String column, String keyWord) throws Exception;
82
83
84  }
```

【代码 17.3】 DeptServiceImpl 类

```
1   package hr.service.impl;
2
3   import java.util.List;
4   import java.util.Set;
5
6   import hr.dao.IDeptDAO;
7   import hr.dbc.DatabaseConnection;
8   import hr.entity.Dept;
9   import hr.factory.DAOFactory;
10  import hr.service.IDeptService;
11
12  public class DeptServiceImpl implements IDeptService {
13
14      @Override
15      public boolean add(Dept entity) throws Exception {
16          try {
17              if (DAOFactory.getIDeptDAOInstance().findByName
                    (entity.getName()) == false){
18                  return DAOFactory.getIDeptDAOInstance().doCreate(entity);
19              }
20              return false;
21          } catch (Exception e) {
22              throw e;
23          }finally{
24              DatabaseConnection.close();
25          }
26      }
27
28      @Override
29      //部门的人数不能直接修改,只能在员工增删的时候修改相应部门的人数
30      //如果直接修改部门人数,则会抛出异常
```

```java
31      public boolean edit(Dept entity) throws Exception {
32          try {
33              if (DAOFactory.getIDeptDAOInstance().findById
34                  (entity.getId()).getCount() == entity.getCount()){
35                  return DAOFactory.getIDeptDAOInstance().doUpdate(entity);
36              }else{
37                  throw new Exception("部门人数不能直接修改");
38              }
39          } catch (Exception e) {
40              throw e;
41          }finally{
42              DatabaseConnection.close();
43          }
44      }
45
46      @Override
47      public boolean remove(Integer id) throws Exception {
48          try {
49              if(DAOFactory.getIDeptDAOInstance().findById(id).getCount() == 0)
50                  return DAOFactory.getIDeptDAOInstance().doRemove(id);
51              else
52                  return false;
53          } catch (Exception e) {
54              throw e;
55          }finally{
56              DatabaseConnection.close();
57          }
58      }
59
60      @Override
61      public List<Dept> list() throws Exception {
62
63          try {
64              return DAOFactory.getIDeptDAOInstance().findAll();
65          } catch (Exception e) {
66              throw e;
67          }finally{
68              DatabaseConnection.close();
69          }
70      }
```

```
71
72        @Override
73        public Dept get(int id) throws Exception {
74            try {
75                return DAOFactory.getIDeptDAOInstance().findById(id);
76            } catch (Exception e) {
77                throw e;
78            }finally{
79                DatabaseConnection.close();
80            }
81        }
82    }
```

【代码 17.4】 EmpServiceImpl 类

```
1   package hr.service.impl;
2
3   import hr.dbc.DatabaseConnection;
4   import hr.entity.Emp;
5   import hr.factory.DAOFactory;
6   import hr.service.IEmpService;
7
8   import java.util.HashMap;
9   import java.util.List;
10  import java.util.Map;
11  import java.util.Set;
12
13
14  public class EmpServiceImpl implements IEmpService {
15
16      @Override
17      public boolean add(Emp entity) throws Exception {
18          try {
19              // 要增加的雇员编号如果不存在,则 findById 返回的结果就是 null,
20              // null 表示可以进行新雇员的数据增加
21              if (DAOFactory.getIEmpDAOInstance().findById(entity.getId()) == null) {
22                  Integer deptId = entity.getDept().getId();
23                  DAOFactory.getIDeptDAOInstance().changeCount(deptId, 1);
24                  return DAOFactory.getIEmpDAOInstance().doCreate(entity);
25              }
26              return false;
27          } catch (Exception e) {
```

```java
28              throw e;
29          } finally {
30              DatabaseConnection.close();
31          }
32      }
33
34      @Override
35      public boolean edit(Emp entity) throws Exception {
36          try {
37              Integer deptIdNow = entity.getDept().getId();
38              Integer deptIdOld = DAOFactory.getIEmpDAOInstance()
39                      .findById(entity.getId()).getDept().getId();
40              if (deptIdNow != deptIdOld) {
41                  DAOFactory.getIDeptDAOInstance().changeCount(deptIdOld, -1);
42                  DAOFactory.getIDeptDAOInstance().changeCount(deptIdNow, 1);
43              }
44              return DAOFactory.getIEmpDAOInstance().doUpdate(entity);
45          } catch (Exception e) {
46              throw e;
47          } finally {
48              DatabaseConnection.close();
49          }
50      }
51
52      @Override
53      public boolean remove(String id) throws Exception {
54          try {
55              DAOFactory.getIDeptDAOInstance().changeCount(
56                      DAOFactory.getIEmpDAOInstance().findById(id).getDept()
57                              .getId(), -1);
58              return DAOFactory.getIEmpDAOInstance().doRemove(id);
59          } catch (Exception e) {
60              throw e;
61          } finally {
62              DatabaseConnection.close();
63          }
64      }
65
```

```java
66      @Override
67      public Emp get(String id) throws Exception {
68          try {
69              return DAOFactory.getIEmpDAOInstance().findById(id);
70          } catch (Exception e) {
71              throw e;
72          } finally {
73              DatabaseConnection.close();
74          }
75      }
76
77      @Override
78      public List<Emp> list() throws Exception {
79          try {
80              return DAOFactory.getIEmpDAOInstance().findAll();
81          } catch (Exception e) {
82              throw e;
83          } finally {
84              DatabaseConnection.close();
85          }
86      }
87
88      /*
89       * @return 由于需要返回多种数据类型,所以使用Map集合返回,由于类型不统一,
90       *     所以所有value的类型设置为Object
91       *     如果key = allEmps,value = IEmpDAO.findAllSplit(),返回结果类型是List<Emp>
92       *     如果key = empCount,value = IEmpDAO.getAllCount(),返回结果类型是Integer
93       */
94
95      @Override
96      public Map<String, Object> list(int currentPage, int lineSize,
97              String column, String keyWord) throws Exception {
98          try {
99              Map<String, Object> map = new HashMap<String, Object>();
100             map.put("allEmps",
101                     DAOFactory.getIEmpDAOInstance().findAllSplit(currentPage,
102                             lineSize, column, keyWord));
103             map.put("empCount",
```

```
104                        DAOFactory.getIEmpDAOInstance()
105                            .getAllCount(column, keyWord));
106             return map;
107         } catch (Exception e) {
108             throw e;
109         } finally {
110             DatabaseConnection.close();
111         }
112     }
113 }
```

【代码 17.5】 ServiceFactory 类

```
1  package hr.factory;
2
3  import hr.service.IDeptService;
4  import hr.service.IEmpService;
5  import hr.service.impl.DeptServiceImpl;
6  import hr.service.impl.EmpServiceImpl;
7
8  public class ServiceFactory {
9      public static IEmpService getIEmpServiceInstance(){
10         return new EmpServiceImpl();
11     }
12     public static IDeptService getIDeptServiceInstance(){
13         return new DeptServiceImpl();
14     }
15 }
```

说明：

在业务方法中，一些相关联的操作必须要共同完成，不能只完成其中的一部分，不然就会造成数据的不一致。例如，对于员工，当添加新员工时，添加员工和将相应部门人数加 1 这两个操作要么同时执行，要么都不执行，不能只执行两个操作中的一个。相似的相关联操作还有，在删除员工的时候，删除员工和将相应部门人数减 1 这两个操作，以及在修改员工的时候，修改员工的部门编号和将相应部门人数改变这两个操作，等等。

对于若干个操作，要么都执行，要么都不执行，这属于事务管理，这是业务层必须完成的内容。在本书中没有实现事务管理的部分。

另外，在很多情况下，部门是不会被删除的，员工离职也是不会被删除的，只是给员工加入一个状态属性来记录是"在职"还是"离职"，这些在本书中都做了相应的简化处理，将删除的员工和部门（如果部门人数为 0 的话）都直接从数据库中删除。在实际项目中，要根据实际需求进行实现。

业务层主要类之间的关系见图 3.17.1。

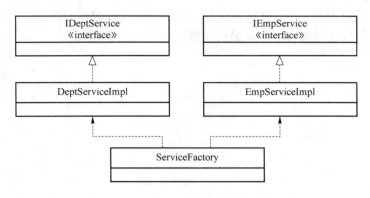

图 3.17.1　业务层主要类的关系图

17.4　知识点拓展：框架

1．框架的概念

可复用面向对象软件系统一般划分为两大类：应用程序工具箱和框架。例如，我们平时在开发应用层软件的时候，Java 的应用编程接口属于工具箱；而"框架"类似于应用软件的"基础设施"。框架与应用软件的具体应用需求无关，框架提供了最为基础的软件架构和体系的实现，使得软件开发人员能集中精力于应用本身特定需求的实现。

很常用的 Java 企业级开发框架有 Hibernate、Mybatis、Spring 等框架。Hibernate、Mybatis 等框架是持久层框架，可以更高效、可靠地完成与数据库的连接和交互。Spring 框架为 Java 企业级应用开发提供了全方位的整合框架，在 Spring 框架下实现了多个子框架的组合，可为企业应用提供一站式的解决方案。在应用软件的开发中使用框架，可以保证一个复杂的软件设计在宏观层次设计上的正确性和合理性，这是整个软件设计成功的关键所在，并影响软件开发所有阶段的工作。

在框架设计中会使用若干的设计模式，对设计模式的理解，将有助于对框架应用的掌握。

2．前端和后端

作为一个完整的应用软件系统，需要通过用户的交互表现层来提供用户数据的输入，同时把结果数据呈现给用户看，这个交互表现层的实现叫作前端编程。在一般情况下，用户的客户端包括 PC 机和移动终端设备两大类。这种前端编程的技术不是本书的内容范畴。

本书第 3 篇完成的工作包括与数据库建立连接、与数据库交互、完成业务逻辑的实现、建立软件体系结构、保证软件的可用性、可维护性等，这部分编程叫作后端编程。

本书第 3 篇只是给出一个简单需求的简化实现案例，使得大家对于后端实现的基本情形有所了解，而对软件的可用性、可靠性、高效性等方面都没有着力去实现，也没有涉及实现前端和后端的连接。而对于一个需要交付使用的实际应用软件，需求是会相当复杂的，开发的时候需要完整地考虑软件各个方面的实现，一般都会采用某种成熟的框架来实现底层的软件体系结构和通用模块，软件开发人员只需要着力于应用软件具体特殊部分的实现。

3．用 JUnit 测试业务接口的方法

对于后端程序，如何在没有前端程序的情况下进行测试？可以通信编写包含 main()方法的测试类进行测试，也可以用 JUnit 单元测试框架进行测试。

下面主要介绍用 JUnit 单元测试框架对业务层接口进行测试的方法。

当前公司人员信息管理系统项目的目录结构如图 3.17.2 所示。

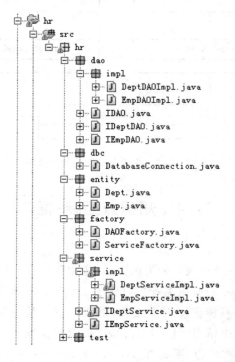

3.17.2　公司人员信息管理系统项目的目录结构

选中要测试的业务接口,并创建 Junit Test Case,如图 3.17.3 所示。

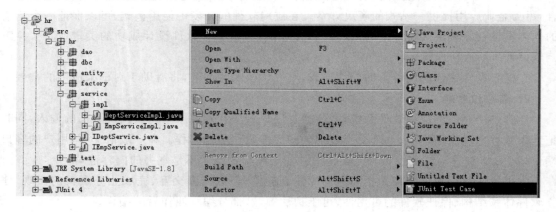

图 3.17.3　创建 JUnit 测试用例

输入测试程序放入的包路径,并选择 New Junit4 test,如图 3.17.4 所示。

选择要进行测试的方法,如图 3.17.5 所示。

在测试程序中加入注释"@FixMethodOrder(MethodSorters.NAME_ASCENDING)"。系统会按照测试函数名的字母序进行执行,保证测试时函数按照要求的顺序执行(函数名根据需要执行的顺序,按照字母序编排好就可以了)。

图 3.17.4 选择 New Junit4 test

图 3.17.5 选择要进行测试的方法

练 习

完成公司人员信息管理系统的业务层实现代码,用 JUnit 测试框架对业务层接口进行测试。

参 考 文 献

[1] 王洋. Java 就该这样学[M]. 北京:电子工业出版社,2013.
[2] 陈国君. Java 程序设计基础[M]. 北京:清华大学出版社,2015.
[3] 梁勇. Java 语言程序设计[M]. 北京:机械工业出版社,2016.

附录　用 Alice 学习面向对象编程

　　Alice 项目是美国卡耐基梅隆大学的一个学术性的项目,目标是帮助青少年在 3D 环境下编写计算机程序。Randy Pausch 教授是该项目的创建人,他希望通过此项目教会青少年学习 Java 和 C++编程。Alice 提供了一个 3D 的虚拟世界,包含物体和虚拟化身。学生通过 Alice 可以设计动画场景,可以给角色对象增加简单的动作和脚本。Alice 带来了一种全新的学习编程的方法。通过使用 Alice 可以导演电影,创作简单的计算机游戏,大家可以去试试,不仅能对面向对象编程有了认识,而且有可能还会发现你的其他兴趣。

Alice-1

Alice-2

Alice-3

Alice-4

Alice-5